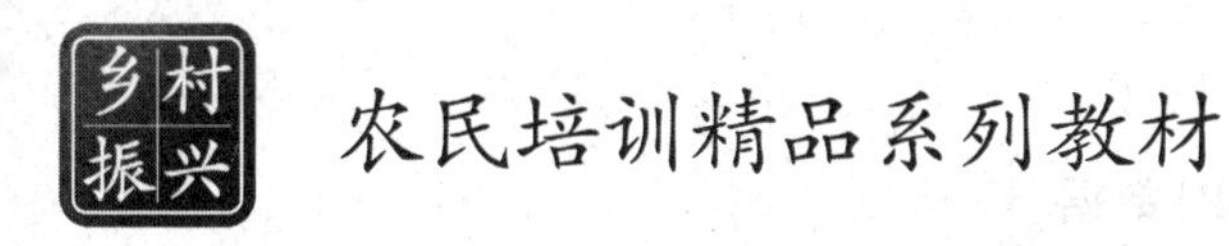

新时代农民思想政治教育手册

谢　炜　赵香莲　唐亚萍　江　雪　张长博◎主编

中国农业科学技术出版社

图书在版编目(CIP)数据

新时代农民思想政治教育手册 / 谢炜等主编. --北京：中国农业科学技术出版社，2024. 5

ISBN 978-7-5116-6735-9

Ⅰ. ①新…　Ⅱ. ①谢…　Ⅲ. ①农民-思想政治教育-中国-手册　Ⅳ. ①D422. 62-62

中国国家版本馆 CIP 数据核字(2024)第 060127 号

责任编辑　张诗瑶
责任校对　李向荣
责任印制　姜义伟　王思文

出 版 者　中国农业科学技术出版社
北京市中关村南大街 12 号　　邮编：100081
电　　话　(010) 82106625 (编辑室)　　(010) 82106624 (发行部)
(010) 82109709 (读者服务部)
网　　址　https://castp.caas.cn
经 销 者　各地新华书店
印 刷 者　北京富泰印刷有限责任公司
开　　本　145 mm×210 mm　1/32
印　　张　4. 75
字　　数　155 千字
版　　次　2024 年 5 月第 1 版　2024 年 5 月第 1 次印刷
定　　价　38. 80 元

《新时代农民思想政治教育手册》

编写人员

主　编　谢　炜　赵香莲　唐亚萍　江　雪
　　　　　张长博

副主编　潘新好　刘　青　叶建明　冯艳如
　　　　　王占伟　王茂盛　李泉杉　张晓菲
　　　　　化彦君　游宏宇　郭　丹　臧继华
　　　　　龙文义　张　然　任　民　张　星
　　　　　乔　劲　梁　霞　曹宏志　吴文星
　　　　　赵　彬　陈治坤　郑永青　王耀红
　　　　　李　伟　姚宏军　周鹏园　刘玉新
　　　　　汪其格　柳　涛

参　编　张晓楠　陈文丽　文　志　刘文文

前　言

建设新农村、培养新型农民是新时期农业、农村工作的重要内容。当前，各级党政对农业农村工作的重视支持力度不断加大，各地现代农业发展突飞猛进，新农村建设如火如荼。在全面推进乡村振兴战略过程中，如何提升广大农民群众的整体素质和思想政治水平显得尤为迫切。培养和造就一大批有文化、懂技术、会经营、有思想的新型农民是当前及未来很长一段时间农民工作的重要责任和使命。

随着农村原有社会格局发生的重大变化，农民思想教育的环境、任务、内容、渠道和对象都发生了很大变化，农村原有的价值体系受到了严重冲击，农民对社会主义、共产主义的理想和信念均有所淡化。农村当前发展中出现的这些问题值得注意。这些说明，教育和引导农民的政治思想是一个迫切需要解决的重要问题。因此，必须加强农村的思想政治教育工作，重视对农民的思想政治教育。

本书以推动社会主义新农村建设为出发点，在广泛调查当前农民思想政治状况和农民思想政治教育工作现状的基础上，梳理出存在的问题，对现存问题进行分析，结合社会主义新农村建设的要求，探索行之有效的新农村建设背景下开展和加强农民思想政治教育的思路与对策。

编　者

2024 年 3 月

目　录

第一章　新时代思想政治教育的地位与作用

第一节　新时代村镇建设的提出及基本内容

社会主义和谐社会建设是明显带有中国特色的概念，在不同的时空条件下，它有不同的侧重点。这一概念伴随着中国共产党的发展，其自身也有一个历史的演变过程。

一、社会主义和谐社会建设的内涵

（一）和谐社会是不同利益集团、社会结构或社会系统互动协调的社会

和谐社会是一个多元的、宽容的、秩序化的社会，可以把它归结为社会系统内部各种基本社会关系、社会结构和要素之间关系的和谐，包括人与人、人与社会、人与自然的和谐。从理论上说，和谐社会就是全体人民各尽所能、各得其所，而又和谐相处的社会。用社会学的术语来表达就是良性运行和协调发展的社会，就是社会各成员、群体、阶层、集团之间相处融洽协调，人与自然协调发展。和谐社会应该是既强调人与人的和谐，又要达到人与自然、社会的和谐；既要注重内部各阶层、各利益团体之间的和谐，又要争取外部世界的和谐发展；既要培育微观的各个社会组织细胞的和谐发展，又要促进宏观的整个社会的和谐发展；既要经济、政治、文化等各个系统内部的和谐，又要形成各子系统之间的和谐关系，使之共同发展。

（二）和谐社会具有多面性

和谐社会是一个理性的、宽容的、善治的、有序的（即法治的）、公平的、诚信的、可持续发展的社会。我们今天要建设的社会主义和谐社会应该是有生机活力、有社会公平、有和睦相处人际关系、有团

结稳定秩序的社会。社会主义和谐社会应该是一个经济持续稳定增长，经济社会协调发展的社会；一个社会结构合理的社会；一个社会各个阶层都能各尽所能，各得其所的社会；一个没有身份歧视，社会流动畅通的开放社会；一个公平公正的社会；一个社会事业发达、社会保障体系完善的社会；一个各阶层人民有共同理想、讲诚信、守法度的社会；一个社会各阶层关系融洽，社会稳定有序的社会。有学者提出，和谐社会至少应当包括四个方面的内涵：一是社会资源兼容共生的公民社会；二是社会结构合理的社会；三是行为规范的社会；四是社会整合得当的社会。也有学者认为，和谐社会是一个以人为本的社会，是一个政通人和、经济繁荣、人民安居乐业、社会福利不断提高的社会。

二、社会主义和谐村镇建设的基本内容

按照社会主义和谐社会建设的总要求，和谐村镇应该是政治和谐、文化和谐、利益和谐、人际和谐、生态和谐、共同进步、协调发展的新型村镇。既要求加快农村经济发展，又要求加快农村社会事业发展；既要求加强农村物质文明建设，又要求加强农村精神文明、政治文明、社会文明与生态文明建设，内容非常丰富。

（一）加强和创新农村社会管理

要扩大农村基层民主，健全村党组织领导的充满活力的村民自治机制，进一步完善村务公开和民主议事制度，让农民真正享有知情权、决策权、参与权和监督权，努力把党的富民政策转化为农民群众的自觉行动。要培育农村新型社会化服务组织，在继续增强农村集体组织经济实力和服务功能、发挥国家基层经济技术服务部门作用的同时，要鼓励、引导和支持农村发展各种新型的社会化服务组织。要加强农村法治建设，深入开展农村普法教育，增强农民的法治观念，优化农村社会管理中的法律环节，拓宽农民正当权益的申诉渠道，增强基层干部群众知法、守法、用法意识。妥善处理农村各种社会矛盾，加强农村社会治安综合治理，建设平安乡村，创造农民安居乐业的社会环境。

（二）加快农村社会事业发展

必须以保障和改善民生为重点，解决农村“看病难、教育难、养老难”等突出问题。加快健全农村基本公共服务体系，加快发展农村社会事业，积极发展农村卫生事业，健全农村三级医疗卫生服务网络，为群众提供安全有效方便价廉的公共卫生和基本医疗服务。加强农民最急需的生活基础设施建设，加强村庄规划和人居环境整治，完善村规民约和农村卫生长效保洁机制，着力改善农民的生产和生活条件，改善农村生活环境和村容村貌。加快发展农村教育文化事业，着力普及和巩固农村九年制义务教育，大规模开展农村劳动力技能培训，培养和造就有文化、懂技术、会经营的新型农民，提升劳动者就业创业能力。同时，统筹推进城乡社会保障体系建设，整合城乡居民基本养老保险和基本医疗保险制度，积极探索建立农村最低生活保障制度。

（三）加强农村精神文明建设

一个地方有了和谐的家风，就会有和谐的村风；有了和谐的村风，就会形成和谐的乡风。要深化群众性精神文明创建活动，大力弘扬以爱国主义为核心的民族精神和以改革创新为核心的时代精神，深入开展爱国主义、集体主义、社会主义教育，加强社会公德、职业道德、家庭美德、个人品德教育，倡导爱国、敬业、诚信、友善的社会主义核心价值观。激发农民群众发扬艰苦奋斗、自力更生的传统美德，开展“城乡清洁工程”“文明村镇”“五好家庭”“好媳妇”等各项群众活动，引导农民崇尚科学，抵制封建迷信，移风易俗，破除陋习，倡导健康文明的新风尚，养成“讲清洁、讲卫生、讲文明”的好习惯，培育自尊、自信、自强、理性平和、积极向上的社会心态。

（四）推动城乡发展一体化

要加大统筹城乡发展力度，增强农村发展活力，逐步缩小城乡差距，促进城乡共同繁荣。不断创新农村体制机制，加快农业科技进步，加快推进农业结构调整，加快转变农业增长方式，加快发展循环农业，加强粮食综合生产能力建设，加强农村现代流通体系建设，积极发展现代农业，提高农业的综合生产能力。坚持把国家基础设施建设和社会事业发展重点放在农村，深入推进新农村建设和扶贫开发，全面改善农村生产生活条件。坚持和完善农村基本经营制度，依法维护农民土地承包经营权、宅基地使用权、集体收益分配权，壮大集体经济实力，发展多种形式规模经营，构建集约化、专业化、组织化、社会化相结合的新型农业经营体系。坚持工业反哺农业、城市支持农村和“多予、少取、放活”的方针，加快建立以工促农、以城带乡、工农互惠、城乡一体的长效机制，加大强农、惠农、富农政策力度，努力拓宽农民增收渠道，着力促进农民收入持续增收，切实让广大农民得到实惠。

（五）大力推进生态文明建设

良好的生态环境是人和社会持续发展的根本基础。必须树立尊重自然、顺应自然、保护自然的生态文明理念，坚持节约资源和保护环境的基本国策，坚持节约优先、保护优先、自然恢复为主的方针，着力推进绿色发展、循环发展、低碳发展，形成节约资源和保护环境的空间格局、产业结构、生产方式、生活方式，增强全民节约意识、环保意识、生态意识，形成合理消费的社会风尚，营造爱护生态环境的良好风气。引导农民关心环境卫生、村庄绿化等身边具体的事；关注环境污染、土壤污染等环境恶化因素；关注水土流失、石漠化、生物多样化威胁、农业面源污染（农药和化肥的不当使用）等问题。以生产发展和生态良好为目标，以生态和谐与人的文明的双重建构为价值，以可持续发展战略为动力，给自然留下更多的修复空间，给农业留下更多的良田，给子孙后代留下天蓝、地绿、水净的美好家园。

（六）加强农村和谐文化建设

在发展农村文化中，要优先在乡村历史遗存保护、挖掘、弘扬上下功夫，用小景点展示大文化。充分发挥古镇游、生态游、农家乐等乡村文化旅游项目的关联带动作用，使一些由于农业资源缺乏、生产能力相对低下而导致贫穷的乡村寻找到一条新的发展道路。加强县级文化馆和图书馆、乡镇综合文化站、农家书屋、阅报栏等各种思想文化阵地建设，深入实施广播电视村村通、文化信息资源共享、农村电影放映、农家书屋等文化惠民工程，深入开展全民阅读、全民健身活动，推动文化科技卫生“三下乡”、科教文体法律卫生“四进社区”“送欢乐下基层”等活动经常化。结合民间特色，发挥农村文化活动的季节性、喜庆性优势，以山歌、彩调等群众喜闻乐见、寓教于乐的形式，着重活跃和搞好农闲、节日、集市、夜间的文化活动，注重农村孝道、感恩等道德文化建设，培育农民健康向上的生活情趣，努力营造文明、健康、和谐的乡村风尚，引导农民用和谐的思想认识事物，用和谐的态度对待问题，用和谐的方式处理矛盾。

和谐村镇建设作为一个系统工程，各项内容环环相扣，相互融通、相辅相成。和谐村镇建设是一个完整的、系统的内容，不是只强调农村某一方面建设。社会主义和谐村镇建设是经济建设、政治建设、文化建设、社会建设和生态文明建设五位一体的综合概念。也可以说，这是从统筹建设物质文明、精神文明、政治文明、社会文明和生态文明方面对建设社会主义和谐村镇做出了规划。

第二节　新时代村镇建设的成效和困境

一、和谐村镇建设进展及成效

（一）政治和谐

政治和谐是和谐村镇的动力之源。在乡村调研时，经常看到树立在田间地头、村口路边的巨大牌幅：“贯彻落实科学发展观、构建社会主义和谐社会”“生男生女一样好，人口素质最重要”“争当社会主义新农村建设的排头兵”等。尽管有相当一部分农民对国家政治的一些术语认知情况不够理想，但农民的政治认同感和民主管理意识日益增强。其典型表现如下。第一，农民对科学发展观和构建社会主义和谐社会的战略目标，以及党和国家推行的一系列惠农政策和建设社会主义新农村等重大发展战略认知度增强。第二，农村的民主选举、民主决策、民主管理和民主监督已经逐步展开，并取得了显著成绩。老百姓愿意通过行使自己的民主权利，选举出自己满意、能力强、作风好的干部。村民各项自治制度日臻完善，遇重大事项，先在党员和群众中广泛征求意见、建议，再提交村民代表大会讨论审议。农民对自己在政治生活中扮演积极角色、施加有效影响的自信心极大增强。第三，实行村委办事公开制和跟踪制。村委办事做到一月一次的“三务”公开：党务公开、村务公开、财务公开。年度工作目标执行情况、村级事务决策情况、涉及村民切身利益的政策法规、集体经济、重大事项的招投标、党员发展、财务使用、帮困扶贫等及时公示，让群众了解、参与，接受群众监督。有的村把村干分管的工作和联系点户向村民公布，让村民跟踪监督，促使村里事事有人管、有人办，办而有果。

（二）文化和谐

文化和谐是和谐村镇的内在要求。据调查，农村文化建设主要有三种类型。其一，利用地理和资源优势，大搞人文生态旅游。如广西壮族自治区红岩村以种植月柿，古板村以种植金橘，丹州村以种植柚子为主，四季花果飘香，每年由村里举办大型的柚子节、桃花节、月柿节等，农民自己经营“农家乐”生态旅游示范点。其二，民间文化源远流长。广西壮族自治区柳州市干冲屯“千户侗寨”是全国最大最古老的侗寨，有侗戏演唱队、芦笙队等文化艺术团，侗族大歌等尤为有名。少数民族村寨举办芦笙节、“抬官人”节、“踩歌堂”节、姑娘节，有舞狮、桂剧、彩调、舞蹈等丰富多彩的文艺活动。其三，构建温馨和谐的文化家园。如孝敬父母、家庭和睦、邻里互助、诚实守信、勤俭持家、自立自强、致富有道、艰苦创业等，这些都是和谐文化建设的重要基础。

（三）利益和谐

利益和谐是和谐村镇的本质特征。21 世纪以来，党中央、国务院对“三农”问题高度重视，先后出台一系列富民政策，极大地调动了农民群众的生产积极性，农村生产力得到迅速发展，解决了温饱问题的农民致富欲望和市场经济意识更为强烈。农村农民收入的主要来源包括生态农业（主要是种养业）、个体经营（主要是生态旅游、餐饮业），还有从事手工业和外出打工收入，集体经济弱化。由于“生老病死”“出嫁女”“户籍迁入迁出”等关键问题的意见尚未统一，集体资源的使用和分配遇到极大的麻烦，出现“有些户田多，无人耕；有些户人多，无田耕”等现象，乡村干部普遍觉得非常棘手，也是村民较为关注和争议的问题。政策执行过程中的不公平也会影响利益和谐。

（四）人际和谐

人际和谐是和谐村镇的重要标志。近年来，乡村不断推进“和谐村镇”“卫生村”“新农村建设示范村”的创建工作，一些村庄通过“文明户”“敬老好儿女”“和谐家庭”评选等活动，提倡尊老爱幼、邻里和睦、遵纪守法、遵守社会公德等良好乡风民俗，以社会公德来制约个人行为，以文明乡风来加强村民和谐，有的村呈现了“路不拾遗，夜不闭户”的和谐环境，有的村实施了“邻里守望”治安管理模式，这些乡村大都民风淳厚质朴，村民有礼貌、重礼仪、讲和谐，互助互爱，感情真诚。调查表明，当前影响农村社会安全稳定的主要因素，分别是土地山林侵占、各类民间纠纷、集体资产的量化、乡村选举及乡村不良风气等，这些因素最终体现在农民与乡村干部之间发生的冲突上。目前，在干部和群众关系总体趋向融洽的同时，有时也会引发干部和群众间矛盾。

（五）生态和谐

生态和谐是和谐村镇的物质基础和外部环境。目前，很多农村地区走上“绿色”通道，注重发挥自身特有的生态优势，开发利用生态资源，以生态农业、生态旅游为重点，发展生态经济。

二、和谐村镇建设面临的困境及表征

在和谐村镇建设取得一定成效的同时，因对和谐村镇工作认识的欠缺以及对农村思想政治教育工作的不重视，也存在不如人意的地方，在队伍建设、文化建设、思想政治教育方法与效果等方面仍面临一系列困境。

（一）认识上的偏颇，造成和谐村镇建设工作的“疲软”

“文明村镇创建”“社会主义新农村建设”“和谐创建”是党围绕不同历史时期的任务对村镇建设赋予的不同内涵。党的十四届六中全会《中共中央关于加强社会主义精神文明建设若干重要问题的决议》中明确提出“群众性精神文明创建活动”及文明城市、文明村镇、文明行业三大系列创建活动。党的十六届五中全会提出了扎实稳步地推进社会主义新农村建设的要求。党的十六届六中全会《中共中央关于构建社会主义和谐社会若干重大问题的决定》提出了社会主义和谐社会建设的总要求。由此可见，和谐村镇创建活动、精神文明创建活动、社会主义新农村建设，三者之间既具有不可分割的紧密联系，又有各自侧重的领域。调查中却发现，相当部分村镇干部群众对这三个基本概念混淆不清。一些村民把“新农村”“和谐社会”简单理解为“新房子”“新环境”，所以只要未住进新房子，总感觉创建活动的力度不够大、速度不够快。一些村民把“和谐”仅理解为“人人有饭吃，人人可说话”。当问及如何进行和谐村镇创建时，部分村镇干部会反问：“就是新农村建设吧？”从和谐村镇创建经验的介绍中也不难发现，多数村镇干部谈的内容多涉及村容整治、增加农民收入等，而忽略和谐村镇创建最突出的思想教育内涵。对于党和政府倡导的构建社会主义和谐社会，部分村民认为“初衷美好，但难以得到真正落实”。

（二）村民的素质有待提高

村民是和谐村镇创建活动的主力军。在调查中发现，当前老百姓的素质缺陷已成为和谐创建中的不和谐因素。一是“等、靠、要”思想依然严重。调查中发现，农民对党和政府的期望值越来越高，遇事找政府，解决问题靠政府，缺乏自力更生、艰苦创业的精神和意识。一些农民在实现富裕后安于现状、小富即安，不思进取的小农经济意识较浓，在新的致富门路面前，等待观望的多，主动尝试的少。二是村民集体意识弱化。随着绝大多数乡村以分散经营替代集体经营，以及外出务工人员增多，乡村建设合力弱化，削弱了农村社会发展的精神动力。集体主义观念淡化，相互沟通与交流的缺乏使农村人际关系存在不和谐隐患。三是一些农民由于对党和国家政策不正确的理解或者对某些基层干部工作产生的误会等原因，对基层政府和基层组织产生了逆反心理和对立心态，对基层干部产生了不信任感和疏远感。四是基本知识、基本政策认识、基本处事原则欠缺。据调查，在城市已经被普遍识破的行骗手段，转到农村仍可得逞。犯罪分子一般是利用村民的迷信心理、贪财心理，以及农村老年人的淳朴老实、防范心理不强等特点行骗。大致有四种类型和方式。其一，因受封建迷信思想蛊惑被骗子利用，如算命骗钱、看风水骗钱、神医消灾等；其二，因受贪婪心理驱使，占了小便宜而上当受骗，如号码中奖型诈骗、捡钱平分型诈骗、地里挖出个金佛或铜人等；其三，因善良、忠厚、害怕等而上当受骗，如借用型诈骗、冒充型诈骗、短信谎称亲人出事等；其四，因急于求成被盯上而受骗，如利用招工、上学、结婚等诈骗。这些骗术在城里已经形成了一道“防骗墙”，骗子不容易得手，但在农村却屡屡得手。原因在于村民缺乏防范意识，而且没有认识、接受、掌握和运用网络等新生事物获取信息，导致自身的一些人性弱点被利用。

（三）农村文化现状堪忧

调查显示，目前的农村，家家户户基本上有电视，只不过由于电视信号的原因，选台有多有少。大部分家庭配有手机，手机的强大功能在给村民们带来方便的同时，低级趣味、消极的垃圾信息、荤段子等不健康的短信也从城市向农村传播和蔓延。村民委员会基本上都订有报纸，但看的人极少，即使看也是把日报当周报看（邮递速度慢或对村民开放不及时）。戏曲活动每村平均每年达不到一场，稍富一点的农村在春节前后有一次诸如拔河、锣鼓、秧歌、彩调、山歌、舞龙、舞狮之类的文娱活动。另外，富裕的村民家中如果遇到婚丧嫁娶、孩子满月、老人过寿、乔迁新居之类的大事，也会找一些民间的文化团队在自家的院子里唱上半天或一天。目前农村文化现状存在的问题主要有四个方面。

一是农民群众迫切需要文化活动。当前绝大部分农村的老人很寂寞，妇女很劳累，儿童很孤独，文化很苍白，活动很单一。有学者曾用“静寞夕阳、阡陌独舞、别样童年”来比喻中国农村留守人口。村里每年仅有的一两次文化活动也缺乏组织、缺少经费。没有人气的农村更需要文化生活来充实村民的思想，增加农村对他们的吸引力。劳累的农民很想告别“长长的夜”和“早早地睡”的寂寞，很渴望有人交流沟通，盼望着有自己的文化，有自己丰富的、充实的心灵家园。

二是农村文化生活贫乏。农村的文化活动很少，大多集中在聊天、看电视方面。外来不良文化破坏了农村淳朴的民风。近年来，广泛开展的文化科技卫生“三下乡”活动，尽管也涵盖送春联、唱戏、放电影、篮球赛、社火、科技、医疗卫生等，但仍缺少农民群众最急需的果树管理、牲畜防病、蔬菜种植等知识；并且活动形式老套、缺乏新意，吸引力不大。

三是农家书屋发挥作用有限。承载农民群众重要文化活动的农家书屋，没有充分发挥其提升农民科学文化素质的应有作用。其一，设置不合理。农家书屋多设置在富裕的村里，而迫切渴望致富奔小康，急需提升科学文化水平的贫穷村却没有农家书屋。其二，书籍不适用。书屋里所配备的很多书籍多由上级单位配发或有关部门捐送，要么过时，要么难懂，缺乏实用性和针对性，农民群众大多看不懂，书籍不实用。其三，不正常开放。一些农家书屋的大门多数时间是关闭的，只是在搞活动时或上级来人检查时才开放，村民们很少去阅览，造成很大程度的浪费。

四是农村文化活动效果不好。少数基层干部对广大农民群众想什么、盼什么、要什么知之甚少。一些按照传统思维，站在政府角度组织开展的农村文化活动，看上去内容多、花样新，但缺少实用性，与农民群众的所想、所盼相差甚远，不能发挥其应有的效果。

（四）思想政治教育内容方法缺乏新意和活力

党团活动是农村日常思想政治教育很重要的一种形式，起着龙头导向作用。然而，就党团活动方面而言，很多时候党团支部活动不能正常开展，一些村党员常年不学习、不开会，什么也不知道，只在搞活动时、捐款时带头，村里的大事、决策从不参与。一些党日、团日活动存在着“一哄而上，一哄而下”的现象。活动开始之前隆重热烈，活动过程令人失望，活动结束无人想起。这种“光打雷不下雨”的活动久而久之让农民产生抵触和厌倦情绪。调查发现，部分村民认为本村的思想政治教育工作不太切合实际，效果一般。有的村民认为当前农村需要加强社会公德和家庭美德教育。也有村民认为“文化下乡”是当前农村思想政治教育的最好方式。群众的需求对农村思想政治教育提出了更高的要求。但现实情况却是，一些基层组织在农村思想政治教育的方法上缺乏现实针对性，停留在一般号召上，导致群众对思想政治教育方式和内容的单调产生不满。一些地方思想政治教育内容脱离农民关注的热点、难点问题，不能回答和解决农民思想中存在的疑问，致使思想政治教育缺乏感染力和说服力，造成了思想政治工作的疲软。还有的地方在进行思想政治教育时缺乏分类指导，对农村的各类人群等采取统一的要求，搞“一刀切”。有的基层党委政府以行政命令代替教育说服工作，企图用行政命令的方法，用强制的方法去解决思想问题、是非问题，不但没有效力，反而影响了工作的开展。这样的思想政治工作，难以跟上形势发展变化的需要。

第三节　思想政治教育在村镇建设中的地位和作用

构建社会主义和谐社会，是党治国执政的目标之一。如前所述，构建和谐社会涉及社会发展的各个方面，是一项系统性的工程。在这个系统的运作中，思想政治教育处在一个什么样的地位？思想政治教育对和谐社会的构建能起何种作用？思想政治教育如何适应和谐社会的需要而有所作为？管理学中有一个著名的“木桶效应”，是说一只木桶能盛多少水，并不取决于最长的那块木板，而是取决于最短的那块木板，亦称“短板效应”。思想政治教育不能成为“短板”。如何发挥思想政治教育在和谐村镇建设中的作用，是思想政治教育研究者必须探讨和回答的新问题。

一、思想政治教育在和谐村镇建设中的地位

党的十六届六中全会提出到2020年构建和谐社会的九大目标和任务，其中一条便是，全民族的思想道德素质、科学文化素质和健康素质明显提高，良好道德风尚、和谐人际关系进一步形成。这表明和谐目标模式的确立需要思想政治教育提供有力的思想和政治保障，提

供强大的精神动力和理论支撑，提供坚实的道德基础。因此，构建社会主义和谐村镇离不开思想政治教育，加强思想政治教育是构建社会主义和谐村镇的生命线。

（一）加强和创新社会治理提供政治保证

这个问题可从两方面来理解：其一，思想政治教育是党加强和创新社会治理的政治优势。社会治理，说到底是对人的管理和服务，是做群众工作。当前要把加强思想政治教育，继承和创新群众工作作为加强社会治理的重要法宝，通过群众工作来服务群众，实现群众利益，维护群众权益，化解社会矛盾。要发挥党的思想政治教育优势，必须了解农民真实的思想意愿、情绪动态、利益诉求，要与发展农村经济相结合，与为农民办实事相结合，与党员干部示范相结合，与群众精神生活相结合，与基层组织建设相结合，与树立身边的榜样相结合，让农民在潜移默化的自我实现中成为文明新风的参与者和推动者。其二，思想政治教育是加强和创新社会治理的最主要形式。社会治理可以分为两大类，一类是刚性管理，另一类是柔性管理。柔性管理是依赖领导力等软因素进行管理，是一种以人为本的管理。针对管理客体的情感和心理，通过关爱、亲和、沟通、引导、影响、感化，通过建设良好的团队人际关系，使管理客体获得归属感，提升凝聚力和战斗力。思想政治教育作为社会治理基本手段和人格塑造基本方式，是柔性管理方式的最重要组成部分，对社会管理的开展具有调节整合作用。做好思想政治教育工作对于调整人际关系、调控人的情绪和化解人民内部矛盾，有着积极的影响。思想政治教育作为满足人的精神需求、提升人的精神境界的重要活动，能满足现代人深切的人文关怀，帮助人们解决思想困惑和烦恼，缓释情绪，恢复心理平衡，引导人们以积极的心态面对生活，从而为人与人之间的交流融合和社会的和谐稳定，提供必要的前提条件。

（二）化解农村社会矛盾提供良方

随着农村改革的深化和经济关系的调整，群众经济利益的摩擦、思想观念的碰撞等引发的矛盾在经济领域表现为围绕土地问题而引发的诸多矛盾、纠纷与摩擦；农民在使用、争夺农村公共资源方面引发的纠纷与矛盾；农民与企业之间的矛盾；农民之间贫富差距扩大引发的群体利益间的矛盾；城乡矛盾在政治领域表现为农村干群矛盾；基层群众自治组织与村党支部、乡镇党委政府机构之间的矛盾；农民民主政治参与过程中的民主与集中的矛盾；由农村宗族、家族势力的活动而引发的矛盾。在思想文化领域表现为不同世界观、人生观、价值观的差异；社会主义思想文化与封建主义思想文化、资产阶级腐朽思想文化及生活之间的矛盾；科学与迷信的矛盾；先进思想与落后思想、创新意识与守旧观念的矛盾。这些矛盾呈现多发性、突发性、群体性、复杂性等特点。如果处理不及时，方法不得当，就有可能引起群众的不满情绪，影响干部和群众关系的融洽，造成社会不安定，阻碍和谐社会建设。因此，妥善应对这些矛盾和挑战，努力把握其规律特点，以积极的态度和正确的方法，切实做好疏导化解工作，是当前农村工作的重中之重。思想政治教育塑造人的灵魂，是人的内核动力。在育人的过程中，可以平衡人们心中因现实贫富差距引起的不满，协调好先富与后富、富人与穷人之间的矛盾，协调社会政治领域内的矛盾，协调日常生活中人们思想道德认识与现实行动不一致的矛盾，创造社会和谐的条件。用思想引导、政治优势、法治规范、道德力量化解各种利益冲突，是思想政治教育所熟悉的运作方式与手段。如思想政治教育特有的耐心细致的说服工作、循循善诱的疏导工作、热情合理的调解工作、主持正义的批评教育方法，可以化解教育对象之间的各种矛盾。思想政治教育在化解这些利益矛盾的过程中，将显示出它的“生命线”和“中心环节”地位。

（三）和谐村镇建设的内在要求

构建和谐社会是一项长期、艰巨而又复杂的系统工程，它关于“民主法治、公平正义、诚信友爱、充满活力、安定有序、人与自然和谐相处”的目标的实现，有赖于加强农村民主政治建设和精神文明建设，有赖于加强农村思想政治教育工作。思想政治教育必须坚持巩固壮大主流思想舆论，弘扬主旋律，传播正能量，激发全社会团结奋进的强大力量，为构建和谐社会营造良好氛围，为构建和谐社会提供强有力的理论指导、思想保证、舆论支持和文化条件。思想是行动的前提，观念是实践的先导。社会主义和谐社会的构建，需要统一社会的共识，需要建立和完善社会的制度和机制，更需要塑造与和谐社会要求相适应的人。只有当广大人民群众具备了正确的政治态度、和谐的思想理念、良好的道德品质、健康的心理行为时，社会主义和谐社会才能得以实现。为此，思想政治教育一方面要积极培育和践行社会主义核心价值观，全面提高公民道德素质，培育知荣辱、讲正气、做奉献、促和谐的良好风尚。另一方面要塑造与和谐社会要求相适应的主体素质，引导广大人民群众树立尊重、平等、宽容、诚信、参与、合作、兼顾等和谐社会所需要的观念，增强和谐社会所需要的民主与法治意识，培育和谐社会所需要的心理，养成和谐社会所需要的行为方式。

二、思想政治教育在社会主义和谐村镇建设中的作用

按照党的十六届六中全会提出“把和谐社区、和谐家庭等和谐创建活动同群众性精神文明创建活动结合起来，突出思想教育内涵”的要求，社会主义和谐社会的实现，需要发挥思想政治教育的凝聚作用、导向作用、经济作用、认识作用、协调作用和育人作用。

（一）发挥凝聚作用，促进政治和谐

近年来，随着农村基层民主政治建设的推进和信息传播媒介的现代化，农民群众的民主意识、参政意识不断增强，他们用浅显的语言表达了对村务公开、村民自治、知情权、决策权等的愿望。事实上，民主法治，就必须培养农民的民主参与意识。思想政治教育在此过程中承担的任务，一是强化农村基层组织的服务功能，推进农村管理体制创新。坚持马克思主义世界观和方法论的基本原则，大胆探索研究新时期新环境下和谐村镇建设工作中遇到的新情况新问题，形成解决农村管理问题的新思维新路径，充分发挥基层组织推动发展、服务群众、凝聚人心、促进和谐的作用。二是针对基层农民“我种我的田，闲事都不管，民主不民主，干部说了算”的心态和普遍民主意识不强、文化水平较低、民主法治观念较为淡薄的实际，开展民主参与的权利意识教育，树立民主参与和民主竞争意识，增强民主责任感，让

农民了解民主活动的基本规律和基本原则，懂得民主活动的规则、程序和技能，从而有效地行使自己的民主权利，真正让农民当家做主，管理本村事务。三是通过民主讨论、说服教育、动之以情、晓之以理、潜移默化、润物无声等手段化解农民之间的矛盾，化解农民与党员干部之间的矛盾，化解农民发展同环境、资源之间的不和谐因素等。总之，农村思想政治教育在推进村民自治、发展基层民主和农村基层党组织建设，以及处理广大农民的内部矛盾等方面可以发挥重要作用。

（二）发挥导向作用，促进文化和谐

文化和谐是人的心灵和谐的最终体现，是社会和谐的至高境界。有学者认为，理想中的农村是人们过着人与人、人与自然之间和谐相处，并拥有主体体验的文化生活和文化趣味的生活。在和谐村镇建设的进程中，除发展经济外，还要靠文化来丰富人的境界，陶冶人的心灵，激发人的精神，靠文化来提升农村的“软实力”。思想政治教育要充分发挥导向作用。首先是价值导向。加强农村思想政治教育能使党的路线方针政策在农村得到顺利贯彻，保证农村发展的政治方向，实现党在农村的思想政治领导，使农村的教育、科学、文化事业保持社会主义的性质和方向。其次是行为导向。农民最讲实际，只要有实实在在的效果，农民就会认可。只要有一家或一户取得成功，左邻右舍就会跟进。因此，思想政治教育要充分重视典型的示范和榜样作用，经常地、及时地发现和培养具有鲜明时代特征、深厚群众基础的典型，引导农民勤劳致富、合法致富。最后是文化导向。思想政治教育是传播先进文化的有效手段，推动农村的文化市场繁荣，使广大群众享受到高质量的丰富多彩的文化生活，促进新农村的发展，为农村健康的积极向上的文化生活提供了保障；开展有效的思想政治教育，使先进的文化与人的观念和行为建立起联系，各种制度和规范成为人们维持良好社会生活秩序的准则，使健康的情感成为丰富人们生活的内容和方式，使先进文化呈现出参与社会活动和社会生活的巨大力量；开展创建“和谐村镇”“五好文明家庭”“文明诚信户”等各项群众性精神文明创建活动，形成文明、和谐的乡风。

（三）发挥经济作用，促进利益和谐

推进和谐村镇建设，必须加快农村经济发展步伐。思想政治教育经济功能的发挥，是通过人的实践活动，通过提高人的思想政治素质，通过“物质变精神、精神变物质”的转化来实现的。因为思想政治教育工作的对象是人，而人是生产力中最积极、最活跃的因素，是经济活动的主体，农民思想政治素质，即人的思想水平、道德品质、劳动态度以及事业心、责任感等，不仅直接影响生产力其他要素的作用方式和人作为生产力的发展状况，而且决定人的科学文化素质的性质和方向，影响人的智力和体力发挥的程度，即劳动能力。

必须发挥思想政治教育在推动农村经济发展，引领农民脱贫致富方面的积极作用，将思想政治教育渗透到经济工作、业务工作中，直接推动各项工作发展。必须以民为本，以群众的需求为导向，解决老百姓的思想问题和实际问题。坚持“三服务”，即为农村经济发展服务，为和谐村镇建设服务，为农民服务；坚持“三贴近”，即贴近农村、贴近农民、贴近生活的原则，从实际出发，尊重农民意愿，注重实效，着力解决农民生产、生活中最迫切的实际问题，把党的温暖送到他们的心坎上，从而使其增进对党、对社会主义的亲近感，并由此激发农民干事创业的积极性。

需要强调的是，农村经济发展不仅是物质解决的问题，还包括由物质解决衍生的一系列非物质问题。如农民生活的幸福指数，满足感，获取物质享受的意识、理念，家庭和谐、邻里和谐、心灵和谐等指标。在追逐财富方面，一些农民的致富理念呈现多样化，甚至出现错误的行为。例如，“六合彩”在农村的泛滥很大程度上是因为一些农民追逐财富的心态。调查发现，在一些农村地区，尤其是一些比较落后的地区，“六合彩”似乎成为一种“公开”的“致富之路”。在1比0的利益驱使下，一些村民痴迷于“六合彩”赌博，希望能在短时间内实现暴富，结果导致倾家荡产。赌博不但使农民经济上蒙受了损失，还往往会引发家庭纠纷、生产荒废等社会问题，甚至盗窃、抢劫等犯罪问题。媒体不时曝光有的农村成为制造假冒伪劣产品、有毒食品、易燃易爆物品的“专业村”，就是因为一开始有人通过这些违法犯罪活动获得暴利，成为村里的暴发户，别人羡慕，盲目跟风。记者调查发现，土家族人遇到红白喜事会摆“流水席”招待宾客，应邀出席的亲朋好友要随份子钱表达心意，这种风俗在当地被叫作“整酒”。传统上，土家人一般只在婚丧嫁娶时才会“整酒”，但是近年来“整酒”的名目越来越多，修房子、生孩子、考大学、逢三六九做寿……越刮越烈的“整酒风”让当地农村群众“人情负担”越来越重，不少农民兄弟每年随份子的花销要几万元，忙活一年的收入甚至还不够还“人情债”，被拖累的农家往往陷入丰收不增收的怪圈。信仰方面，在一定程度上说，有的乡村日益进入健康信仰的黄昏。打麻将、推牌九、斗地主等赌博游戏成了相当一部分农民的精神生活主体。非法同居、未婚先孕、家庭暴力、抛家弃子、不孝顺父母等现象时有发生。信仰的缺失和困惑给封建迷信、宗族崇拜、邪恶信仰及境外颠覆势力的思想提供了空间，这是一个危险的信号。传统乡村道德失范、家庭美德缺失、心灵丑化等现象都需要农村思想政治教育去扶正祛邪，进而充实广大农民的精神生活，否则农村经济将无法长期健康有序发展，已经取得的成果也会丧失。

（四）发挥协调作用，促进人际和谐

协调作用是通过人的心理调适和人际关系的调整，达到提高人的思想觉悟、建立新型人际关系的目的。主要表现为协调农村的人际关系、协调各种利益矛盾、协调农业与自然的关系。首先，协调农村的人际关系。思想政治教育是协调人民内部矛盾的重要手段，通过引导农民树立正确的义利观，引导基层党员干部树立正确的权力观，帮扶弱势群体，人与人之间思想的交流与沟通来调适农民的心理状态，能够把人民内部矛盾协调到可控水平，防止矛盾的转化，营造和谐的人际氛围。其次，化解农村各种利益矛盾。思想政治教育既可以通过思想预测和预防教育，减少群体性事件和突发性事件爆发的概率，也可以在处理这些事件的过程中积极安抚人心，化解和缓解各种矛盾，维护群众的权利和利益，还可以通过事件解决以后开展警示教育，及时总结经验教训，做到扬善抑恶。思想政治教育不仅有利于引导广大农民正确认识和处理各种利益关系，理性合法地表达利益诉求和解决利

益冲突，而且能够完善农村矛盾纠纷化解机制，使农村各种矛盾与纠纷能得到及时解决。最后，从价值和心态层面来讲，人类社会和谐，就必须有共同的价值目标和行为规范，并要求全体社会成员共同去维护和遵守，要求人们做出正确的道德选择。只有心中有所敬畏，也就是对人类某种优秀的品质有敬重之心，人才能行之有耻，行之有度，才能保持人的尊严。

（五）发挥认识作用，促进生态和谐

认识作用，指通过思想政治教育提高人们的认识水平和思想水平，使人们认识到自己存在的价值，认识到自己对于他人、社会应尽的义务和职责，从而指导自己的行为。随着生态知识的普及、自然灾害所引起的警觉以及法律法规的制定和实施，老百姓的生态意识与日俱增，甚至出现了一些积极宣传环保、不遗余力保护生态的“环保英雄”。总体上，中国人的生态意识还有待提高。受市场经济利益驱动的影响，在农村，竭泽而渔、杀鸡取卵等掠夺式的资源开发和利用现象时常发生，乱扔垃圾、焚烧农作物秸秆等污染环境的现象随处可见。正如恩格斯所言：“我们不要过分陶醉于我们人类对自然界的胜利。对于每次这样的胜利，自然界都报复了我们。”破坏物种资源、捕杀野生动物、浪费资源等都是缺乏生态意识的表现。

在生态农村建设中，遵循自然规律，重视环境保护，继续实施“生态家园富民行动计划”和农村沼气工程，发展清洁能源，推进乡村清洁工程。继续推进农村改水和改厕工程，提高乡村安全饮水和卫生设施普及率。继续完善“退耕还林”工程和自然保护区建设，提高乡村的生态质量。提倡绿色生产、绿色消费、大力发展生态经济。发展生态农业、有机农业和草地农业等，提高农民收入。以生产发展和生态良好为目标，以生态和谐与人的文明的双重建构为价值，以可持续发展战略为动力，给自然留下更多修复空间，给农业留下更多良田，给子孙后代留下天蓝、地绿、水净的美好家园。

（六）发挥育人作用，提升农民素质

提升农民素质是建设和谐村镇的核心内容，也是农村思想政治教育的重要目标。美国著名的社会学家阿历克斯·英格尔斯认为，一个

落后的国家要转变为自身拥有持续发展能力的现代化国家，只片面强调工业化和经济现代化是不够的，必须从心理思想和行为方式上实现由传统人到现代人的转变，使国民具备现代人格、现代品质。首先，确立正确的政治方向。引导农民坚持正确的政治方向，是农村思想政治教育最根本的工作。而农民以强大的向心力和凝聚力朝着和谐社会的目标前进，关键在于农民内心的价值认同和强烈的社会主义意识，这就要靠思想政治教育引导广大农民正确认识自身的利益，认识建设和谐社会的积极意义和作用，激发和调动群众的参与热情，并实现合力的最大化。其次，提高思想道德素质。树立爱国守法、明礼诚信、团结友善、勤俭自强、敬业奉献的公民基本道德规范，弘扬尊老爱幼、家庭和睦、邻里互助、艰苦创业的传统美德。树立正确的消费观念，增强健康、卫生、环保和优生优育意识。完善村规民约，大力开展移风易俗活动，反对铺张浪费，革除社会陋习，养成科学文明健康的生活方式。最后，提高科学文化水平。引导农民崇尚文明、相信科学，是思想政治教育的方法之一。在农村的一些地方，封建迷信还不同程度地存在，生病请巫医、遇难求菩萨等种种愚昧习俗还有一定市场。其原因之一，就是广大群众缺乏必要的科学文化知识，缺乏辨别真与假、美与丑的能力，从而任人愚弄，因而扫除愚昧和无知是思想政治教育要完成的任务。

第二章　乡村振兴战略下农民思想政治教育理论

第一节　乡村振兴战略与高素质农民

世界正经历着百年未有的大变局，中国的传统农业也正在向现代农业转型升级，培养一支有文化、懂技术、善经营、会管理的高素质农民队伍是实施乡村振兴战略的必然要求。

一、乡村振兴战略的概念

党的十九大报告指出，我国当前社会主要矛盾为人民日益增长的美好生活需要和不平衡不充分的发展之间的矛盾。随着经济的发展，农民物质生活水平不断提高，温饱问题已不再是绝大多数农民的基本要求。农村发展不平衡不充分的矛盾日益凸显，需要乡村振兴。习近平总书记在河北省考察时指出，全面建设社会主义现代化国家，既要建设繁华的城市，也要建设繁荣的农村，推动形成工农互促、城乡互补、协调发展、共同繁荣的新型工农城乡关系。河北省在执行习近平总书记重要讲话精神时，也始终坚持全面推进乡村振兴，把社会主义新农村建设得更加美丽宜居。党的二十大报告提出，全面推进乡村振兴，坚持农业农村优先发展，巩固拓展脱贫攻坚成果，加快建设农业强国，扎实推动乡村产业、人才、文化、生态、组织振兴，全方位夯实粮食安全根基，牢牢守住十八亿亩耕地红线，确保中国人的饭碗牢牢端在自己手中。

实施乡村振兴战略，实现农业农村现代化的总目标，坚持农业农村优先发展是总方针，实现产业兴旺、生态宜居、乡风文明、治理有效、生活富裕等五方面的要求。就乡村振兴战略的总要求来说，它涵盖了产业、生态、文明、治理等方面的内容，为农业农村现代化发展指出了一条要走农业强盛、农村美丽、农民富裕的乡村发展道路。这条道路不仅关系到新时代中国特色社会主义主要矛盾的解决，也关系着建设更高水平的小康社会。这条道路是中国共产党践行以人民为中心发展思想的有力探索，与广大农民的福祉息息相关，离不开农民的参与，更离不开高素质农民的参与。

1. 产业兴旺

产业兴旺是乡村振兴工作中的重点，其地位已经被党中央上升到解决农村一切问题前提的高度。乡村振兴关系着巩固和拓展脱贫攻坚成果，也关系着能否向共同富裕的方向发展。国家对产业兴旺，提出了要聚焦重点产业，聚集资源要素，强化创新引领，突出集群成链，培育发展新动能，加快构建现代农业产业体系、生产体系和经营体系。这需要从培育新型农业经营主体、构建乡村产业品牌、激发乡村创新创业活力、完善农民参与产业兴旺的利益联结机制等方面入手，不仅促进乡村现代产业兴盛，还使农民享受到蓬勃发展带来的红利。产业兴旺使农民从中得到的实惠，用马克思主义理论来阐述，即经济基础决定上层建筑，上层建筑反映经济基础，上层建筑随经济基础的变化而变化。用直白的话说，就是在乡村振兴中解决“三农”问题，用产业兴旺来带动发展，不断提高农民的经济收入和生活水平，从而夯实物质基础并使农民的精神生活更加丰富多彩。

2. 生态宜居

生态宜居是乡村振兴的关键，习近平总书记提出要让良好的生态环境成为乡村振兴的支撑点，还提出推进农业绿色发展是树立现代农业观的深刻革命。生态宜居包括市场发展的程度、法治建设的程度、社会文明的程度、居民幸福的程度、环境优美的程度等内容，关系着经济、政治、社会、文化、生态等方面的发展质量。实施生态宜居过程中要因地制宜地制订乡村振兴计划，因市、因县、因乡、因村施策，尊重民意、科学规划，避免“一刀切”和“一窝蜂”。坚持以党建为引领，发挥基层党组织战斗堡垒和党员先锋模范作用，建立人居环境网格化管理机制，发挥村规民约作用。立足长远，科学编制规划，认真谋划，形成共建、共管、共享的长效管理机制。统筹好山水林田湖草系统治理、加强农村突出环境问题综合治理、建立市场化多元生态补偿机制、增加农业生态产品和服务供给等。

3. 乡风文明

乡风文明是乡村振兴的保障和灵魂，是乡村振兴的重要推动力量和软件基础。中国几千年的农耕文明滋养出独具特色的中华文明，弘扬农耕文化和开展乡风文明建设，已经深深刻入中华儿女的基因。中国特色社会主义理论体系中关于精神文明建设就有乡风文明建设。充分调动广大农民群众参与乡风文明建设的积极性、主动性，在思想上形成自觉，在制度上形成规范，在风气上形成氛围，使文明的风尚进一步滋润农民群众的生活，进一步使农民群众过上幸福的生活，需要不断满足农民的现实需求，还需要不断完善村规民约，通过积极行动，进一步解决农民群众的后顾之忧，从而有效地建设文明乡风。例如，将乡村中的违建、废弃栏圈等变成微花园、微菜园等，将戏曲送进乡村，建设农家书屋、留守老人和儿童活动中心等新时代文明实践中心。众所周知，乡村是熟人社会，乡亲间相互影响作用大，不仅要用好各种宣传阵地，用群众喜闻乐见的形式营造出向上向善的氛围，还要加强开展典型示范活动，营造实践氛围、推动移风易俗。通过授予星级文明户等荣誉可享受奖励或相关优惠政策等方式来细化具有可操作性的村规民约，瞄准农民群众的现实难题并采取有效措施，解决问题，达到办实事、促改革、补短板的目的，解决农民群众的后顾之忧，推动他们更加积极主动参与乡风文明建设。

4. 治理有效

治理有效是乡村振兴的基础，是习近平总书记治国理政新理念在乡村建设中的体现。同时，中国特色社会主义“五位一体”全面布局中的社会发展要求也蕴含着治理有效的意思。治理有效主要包括健全乡村自治、推动乡村法治、弘扬乡村德治等方面。治理有效需要以党建为基础，加强党对农村工作的全面领导，把党的领导优势转化为农村发展的实际成果，不断提高乡村治理水平。治理有效需要在农村开展普法活动。一方面，以村民喜闻乐见的方式，将法律法规送进乡村，培养良好的法制观念。另一方面，积极处理农村中的矛盾，及时将矛盾化解在萌芽中。治理有效需要推动基层民主，让村务在阳光下运行。同时，继续开展以自然村为单位的村民自治试点工作，探索和培育公益性、服务性组织，在农村开展各种志愿者服务，进一步发挥高素质农民的良好作用。

5. 生活富裕

生活富裕是乡村振兴的根本落脚点，也是最能体现乡村振兴成败结果的一项指标，检验乡村振兴效果关键是看农民的钱袋子鼓不鼓、生活富裕有没有实现。生活富裕是实现全体人民富裕的必然要求之一，也是农民在乡村振兴中的获得感来源之一。实现农民生活富裕，要始终依靠党建引领，通过深化农村集体产权制度改革、发展壮大集体经济，解决农村基础设施薄弱、公共产品及公共服务相对匮乏的现实，进一步改变乡村产业结构不合理、发展相对滞后的现状，并在保护和传承农村传统文化中打造一批品牌响、效益好的农村集体产业项目。例如，《浙江高质量发展建设共同富裕示范区实施方案（2021—2025 年）》中就明确要坚持以满足人民日益增长的美好生活需要为根本目的，通过实施强村惠民行动、扩大在农业农村领域的投入、实施农民致富增收行动、推进农业转移人口市民化集成改革、探索以土地为重点的乡村基层改革等，更加注重各种政策向农村的倾斜，在探索建设共同富裕美好社会中提供浙江示范。

二、高素质农民的概念

高素质农民指在农村专门从事农业生产的高素质的劳动者。高素质农民是现代农业的带头人，主要人员构成是家庭农场、龙头企业、农民专业合作社、农业社会化服务组织等新型经营主体的经营者，精准脱贫、乡村振兴的带头人，以及农村实用人才、返乡入乡创业创新者、专业种植养殖能手、农业职业经理人等。高素质农民主要具有文化、懂技术、善经营、会管理等特点，根据高素质农民擅长领域的不同还分为经营管理型、专业生产型、技能服务型等类型。

高素质农民培育计划是“十四五”规划和 2035 年远景目标纲要的内容之一，这与高素质农民的概念并无冲突，主要根据乡村人才振兴需求和现代农业发展进程，通过运用农业农村资源和现代经营方式增加农民收入，推进新型农业经营主体和服务主体、返乡下乡创新创业者和专业种植养殖能手等为代表的高素质农民培养行动。

高素质农民培育计划的主要目标是聚焦乡村振兴和现代农业发展的人才需求，推动地方党委、政府加大农民教育培训力度，整体提高农民科技文化素质，以农民为中心的原则，坚持服务产业、注重质量、适度竞争、创新发展，培养出一支有文化、懂技术、善经营、会管理的高素质农民队伍，从而促进农业产业的转型、帮助农业产业的升级，促进农村的持续进步，最终达到以高素质农民带动广大农民全面发展的目标。具体来说，主要是让符合条件的高素质农民在农闲时学理论、在农忙时搞实践，采取创新教学组织形式、送教上门、分阶段完成学业等灵活多样的教学模式，合理设置课程体系，运用专业知识考试、综合素质评价、技术能力测试等多种方式，对农民学习成果进行全方位的综合考核，学习达到合格要求即可颁发相应的高素质农民培育证书，国家会对高素质农民有一定的政策扶持。例如，在农业生产用地、农村产权制度改革、土地承包经营权流转、创业贷款、农业产业支持等政策方面，高素质农民将会被优先纳入示范户，享受一定的政策支持。同时，还将会享受由部省两级部门组织的示范培训和师资培训，还能在成立专业协会或产业联盟中得到一定的政策支持，从而让高素质农民实现抱团发展。

自 20 世纪开始，高素质农民在过去几十年的发展中被赋予了不同称呼：职业农民、新型农民、新型职业农民等。随着高素质农民培育政策的出台，进入高素质农民的蓬勃发展阶段。

1. 高素质农民的萌芽阶段

高素质农民的萌芽阶段主要是以新型职业农民的说法为主，此时的高素质农民相当于新型职业农民，该说法最早出现在农业部 1990 年开始的“农民绿色证书”培训中。1999 年，在农业部会同共青团中央以及财政部开展“跨世纪青年科技培训工程”试点中提出新型农民概念。2016—2018 年，党和国家建立起新型职业农民的各种制度。例如，全面建立职业农民制度并开展职称评定试点，实施新型职业农民培育工程。

2. 高素质农民蓬勃发展阶段

2019 年，中共中央印发《中国共产党农村工作条例》，该条例中明确指出，要培养一支有文化、懂技术、善经营、会管理的高素质农民队伍，这也标志着高素质农民正式进入了蓬勃发展阶段。2020 年，农业农村部接连发布有关高素质农民的政策，《农业农村部办公厅关于印发〈农业农村部 2020 年人才工作要点〉的通知》中提出，2020 年全年培训高素质农民 100 万人次，推行高素质农民定制培养。《农业农村部办公厅关于做好 2020 年高素质农民培育工作的通知》对高素质农民培育工作做了明确要求，从助力脱贫攻坚、培育现代农业带头人、推动农民学历教育提质增效、健全完善教育培训体系、拓宽高素质农民发展路径等多方面提出了工作任务。2021 年，农业农村部办公厅印发《农业农村部办公厅关于做好 2021 年高素质农民培育工作的通知》，以家庭农场经营者、农民合作社带头人为重点，加快培养各类乡村振兴带头人；发挥农民教育培训体系作用，整合利用优质教育培训资源，分层分类开展全产业链培训，强化教育培训质量效益提升，加强培育成果示范推广，发展壮大高素质农民队伍。2022 年，农业农村部办公厅印发《关于做好 2022 年高素质农民培育工作的通知》，重点面向家庭农场主、农民合作社带头人和种养大户，统筹推进新型农业经营和服务主体能力提升、种植养殖能手技能培训、农村创新创业者培养、乡村治理及社会事业发展带头人培育等行动，培养高素质农民队伍。共青团中央办公厅、农业农村部办公厅印发《关于开展 2022 年度高素质青年农民培育工作的通知》，有效提高农民（含国有农场农工）科技文化素质，培养一支高素质农民队伍，促进乡村人才振兴和农业农村现代化；支持有条件、有需求的省份开展高素质青年农民培育工作；各级团委、农业农村部门要认真遴选培育对象、科学设置培训课程，要加强跟踪服务，要积极宣传培育工作中涌现出来的青年先进典型。农业农村部办公厅、中国科协办公厅印发《关于开展 2022 年科普服务高素质农民培育行动的通知》，以提升高素质农民科技文化素质为出发点和落脚点，建立健全科普服务高素质农民培育工作机制，强化科普资源和活动供给支撑，用好科普公共服务平台和基础设施，提升高素质农民科学精神、科学思想和科学方法，有力推动农民全面发展，为加快农业农村现代化提供有力支撑。2023 年，《中共中央　国务院关于做好 2023 年全面推进乡村振兴重点工作的意见》中提出实施高素质农民培育计划，开展农村创业带头人培育行动，提高培训实效。

三、乡村振兴战略与高素质农民的关系分析

在高素质农民培育计划中，主要是通过培养高素质农民为乡村振兴战略提供人才支撑，这些高素质农民主要具有较高的社会责任感和良好的职业道德，具备较好的科学文化素质，掌握现代农业生产先进知识和技术，能够从事专业化、标准化、规模化的农业生产，还能与时俱进地自我学习，不断提高农业经营管理水平，在乡村振兴中形成“头雁效应”，带动周边农民在乡村振兴中发挥积极作用，从而创造更加美好生活。

乡村振兴战略的实施为高素质农民的发展提供了条件，它们二者是相互促进、彼此依托的关系。作为乡村振兴中“头雁”的高素质农民，他们在带动农民参与乡村振兴中发挥着不可替代的积极作用，激发了农民积极参与乡村振兴的内在动力，为推进乡村振兴提供了智力支撑、精神动力，并为乡村振兴提供了主力军、本土人才，为乡风文明建设提供思想引领，为生活富裕凝聚群众力量。

具体来说，实现乡村振兴的产业兴旺、生态宜居、治理有效等是离不开农民的参与，更离不开起到带头示范作用的高素质农民的参与。在产业兴旺中，高素质农民拥有较强的创新意识和技术能力，具有较强的创业精神和市场意识，具备较高的生态观念和环保意识，拥有较高的文化素养和传承能力，能够更好地参与和推进农村产业发展。在生态宜居中，特别是在开展农村人居环境整治中，农民是这一活动的主体，要充分依靠农民，特别要充分依靠高素质农民。不仅是因为高素质农民能够更好地引领和带动其他农民实施好这项工作，更因为高素质农民拥有新理念、新生活、新技术，能够进一步激发广大农民对美好生活的向往，从而为更加宜居的环境采取积极行动，为更

加美好的生活不断奋斗。在乡风文明建设中，选树先进文明典型当中包含了选树高素质农民的典型示范，从农民身边推选一批看得见、够得着的高素质农民榜样和先进典型，弘扬他们带动农民发家致富的行为，弘扬他们帮助农民、服务农民、带动农民的先进事迹。通过高素质农民优秀典型事迹的宣传，在社会形成好人好事一起夸、一起学、一起做的良好风尚，营造出弘扬文明乡风的浓厚氛围。在治理有效中，作为乡绅乡贤的高素质农民在农村地区的普法活动中也发挥着良好作用。在生活富裕中，高素质农民在带动共同富裕中起到了示范引领作用，特别是家庭农场、农民专业合作社等新型农业经营主体中的带头人，他们作为高素质农民对实现共同富裕有着不可替代的作用。

在开展高素质农民的思想政治教育时，突破口是高素质农民，从在乡村振兴中起着“头雁”“带头人”作用的高素质农民着手，不断培育高素质农民，完善和落实好高素质农民的思想政治教育体系和要求，有利于激发高素质农民的积极主动性，有利于推进农业农村现代化进程，进一步推进乡村振兴。

第二节　农民思想政治教育的价值

在全面推进乡村振兴中，开展高素质农民的思想政治教育，能让高素质农民在农业生产中发挥良好社会责任感和职业素养，从而有利于培养高质量人才，为农村产业兴旺提供精神动力等。

一、为农村培养高质量人才

乡村振兴包括产业、人才、文化、生态、组织的全面振兴，其中，人才振兴是乡村振兴的基础。高素质农民的思想政治教育是在农村开展立德树人的主渠道和主阵地，肩负着为乡村振兴培养高质量人才的重要使命。开展高素质农民的思想政治教育，带动和引导广大农民投身到全面乡村振兴中去，让更多懂农业、爱农村的高素质农民在乡间田野贡献智慧、建设农村。开展高素质农民的思想政治教育，使高素质农民成为党的政策、理论的宣传者，发挥出高素质农民的“头雁”效应，在农民中起到以点带面的作用，为农村吸引人才、培养人才。通过开展高素质农民的思想政治教育，帮助高素质农民认识到城乡融合发展的意义，帮助高素质农民认清农村发展的前景，让有能力、有技术、有知识、有眼界的高素质农民号召更多的人才驻扎农村、建设农村，打破农村人才瓶颈的束缚，帮助农村恢复人才“造血”功能，为农村培养高质量人才。

二、为农村产业兴旺提供精神动力

在乡村振兴战略下开展高素质农民的思想政治教育，能激发高素质农民在农业生产中带动农民参与农村产业发展的干劲。家庭农场、龙头企业、农民专业合作社、农业社会化服务组织等农业新型经营主体的经营者，精准脱贫、乡村振兴的带头人，农村实用人才，返乡入乡创业创新者、专业种植养殖能手、农业职业经理人等中的高素质农民，依据他们所从事农业领域的不同特点，创新高素质农民的思想政治教育，引导高素质农民形成符合时代需求的正确利益观，并利用他们自身所具有的现代农业知识和技术、现代竞争意识和法制观念，引导广大农民在农业产业发展中转变观念、积极学习，从而不断增强自身的竞争意识、法制观念、技术知识，在全身心投入农业产业发展中不断促进农村产业兴旺。

三、为乡村治理提供政治保证

乡村治理中需要德治与法治共同发力，制约与规范内在力量用德治，强制维护社会秩序的稳定用法治，二者在相互发力中得到相互作用、相互促进、相互渗透，在加强乡村自治中促进乡村的安定团结、有效治理。在开展高素质农民的思想政治教育中，德治与法治相结合是有效方式之一，能够及时宣传到党和国家的最新惠农政策，培养高素质农民的感恩之心、爱国之情，让他们在党恩中有获得感，营造出良好的乡村治理氛围，并带动广大农民听党话、感党恩、跟党走，在农民与党和国家间形成良好的关系，进一步夯实党的领导地位。

第三节　乡村振兴战略下农民思想政治教育的理论基础

马克思主义经典作家历来就十分重视农民问题。马克思主义经典作家对农民思想政治教育有过重要阐述，这些重要论述也是高素质农民的思想政治教育的理论渊源。这些经典作家，有些是将相关理论著于个别书中，有些则是在专门著有关农民问题的书中。这些理论既具有历史的一脉相承性，也具有一定的创新性，对于乡村振兴战略下研究高素质农民的思想政治教育具有非常重要的借鉴意义。

一、马克思主义经典作家关于农民的思想政治教育

（一）马克思和恩格斯的农民思想政治教育理论

这一时期还暂未出现高素质农民，鉴于高素质农民也属于农民的范畴，因而就集中研究马克思和恩格斯的农民思想政治教育理论。他们的农民思想政治教育理论主要是对农民思想政治教育的特征、方法、动力、意义等方面的研究。

在马克思和恩格斯对法国农民的看法中可以知道，小农人数众多，他们的生活条件相同，但是彼此间并没有发生多种多样的关系。散漫是农民的共通本性特征，这时的农民还没有形成共同理想，因而暂时还不能通过整合农民力量来改变农民在社会历史中的地位。因为农民阶级是无产阶级的天然同盟军，但受限于小生产习惯的影响，农民具有一定的局限性，需要有一种强大且具有生命力的思想使农民阶级成为无产阶级的同盟，这种强大且具有生命力的东西就是农民的思想政治教育。同时，马克思还指出，被争取到无产阶级政党阵营的农民数量越多，就能越容易越快速地实现社会的变革。另外，恩格斯认为，如果是受到过教育的社会成员，他们对社会做出的贡献会比没有受到教育的社会成员更多，对社会成员中的农民开展思想政治教育的动力基础是满足农民的利益要求。由此可见，农民思想政治工作要想做好，需要让农民在参与这个工作时得到实惠，这样才更有利于充分激发农民参与革命的积极性和主动性。又因为无产阶级政党的群众基

础中，农民是其最重要的基础之一。因此，满足农民群众的利益是有助于无产阶级革命取得成功的。正如马克思的观点，人之所以会奋斗，是因为他们所奋斗的事情与他们的自身利益息息相关。马克思认为，共产主义组织是为群众利益奋斗的组织，他高度评价了巴黎公社："无产阶级要想有任何胜利的可能性，就应当善于变通地直接为农民做很多事情。""过去时代的偏见，怎么能够抵得住公社对农民切身利益和迫切需要的重视所具有的号召力呢？"同时，马克思认为，无产阶级掌握国家政权时，不能暴力地剥夺农民，在农民中开展思想政治教育的手段主要还是需要通过示范引导，让他们得到实惠，而不能进行强迫。

（二）列宁的农民思想政治教育理论

列宁的农民思想政治教育理论继承和发展了马克思和恩格斯的理论，他将该理论与俄国革命的实际相结合，并提出要重视农民群众的作用，重视对他们的文化教育，还提出共产主义思想意识教育等。

首先，农业是国家生存的基础，农民是发展农业的主体力量，因而苏联的生存和发展与农民关系紧密。列宁认为，农民被公认为是俄国革命胜利的关键性因素，没有人不会认为农民是无产阶级取得政权的决定性因素。列宁还认为，苏联的建设和发展要重视农民，并将农民放在重要位置，努力满足农民的需求。实际上，初期的社会主义苏联处于内忧外患中，实行战时共产主义，并未充分满足农民需求。后来苏联形势稳定，采取新经济政策后，才在一定程度上使农民的生产、生活变好，从而进一步巩固和发展了苏联的社会主义制度。其次，列宁非常重视农民群众的文化教育，他认为文盲国家是不能建成共产主义的，不提高农民文化素质是不能建成苏联的现代化。他制定了有关扫除文盲的制度，力图改变农民文化素质较低的状况，改变小农经济的落后局面，从而开启苏联的电气化。同时，他也十分注重对农民群众的思想进行引导。他提出，要在苏联广阔的农村地区建立起几千个公社，还要建立起布尔什维克党支部，让这些支部在农村真正成为一个个传播共产主义思想的基地，这一做法很大程度上增强了布尔什维克党在苏联农村的控制力，有利于争取农民群众参与进来。列宁除主张领导干部以身作则外，还主张要用能够引起农民兴趣的事物作为载体，不仅能帮助农民理解，还能牢牢提高农民对思想政治教育的兴趣感。例如，他十分注意在农村地区修建电影院，通过电影进行思想政治教育。列宁十分认可马克思和恩格斯的农民思想政治教育中关于要满足涉及农民切身利益的主张。列宁认为，要想在农民群众中开展好共产主义教育，其中最好的方法之一便是满足农民的利益要求，因为满足利益要求是动员和激励农民开展革命的最有效方式。以上这些理论，都在极力证明着：要将现实存在的问题与解决思想意识问题结合起来，而不能单纯用解决思想问题的办法来化解，要特别注意在解决现实存在问题与思想意识问题的手段和方式，要将这一过程中的手段和方式方法相结合。农民具有几千年来所形成的一些固有思想观念、思维方式，具有一定的惰性，破除他们固有的老观念、老方式是需要时间和精力的，是需要长期的努力和用心的改造才能实现的。由于物质基础决定上层建筑，经济的发展甚至需要耗费几代人的心血和时间才能完成，作为上层建筑的思想道德、文化知识也是同样的道理，必须经历岁月的洗礼与精神的磨砺。

二、新时代高素质农民的思想政治教育

党的十八大以来，以习近平同志为核心的党中央高度重视思想政治工作，运用一系列有效措施推进思想政治工作，使它充分有效发挥了统一思想、凝聚共识、鼓舞斗志、团结奋斗的积极影响，使广大群众的思想更加团结，行动更加一致。其中，有很多思想是体现在党和国家的重要文件中。例如，《乡村振兴战略规划（2018—2022 年）》中明确提出要从社会主义核心价值观、农村思想文化阵地、诚信道德规范等三方面入手加强农村思想道德建设，推进农村精神文明建设，提升农民精神风貌，倡导科学文明生活，提高乡村社会文明程度。《“十四五”推进农业农村现代化规划》在战略导向中提出要加强和创新乡村治理，坚持物质文明和精神文明一起抓，加强农村思想道德建设，不断增强农民获得感、幸福感、安全感；在主要目标中提出到 2025 年实现乡村治理能力进一步增强，农民精神文化生活不断丰富；在加强新时代农村精神文明建设中提出加强农村思想道德建设、繁荣

发展乡村优秀文化、持续推进农村移风易俗。在《中国共产党农村工作条例》《关于新时代加强和改进思想政治工作的意见》等党和国家的重要文件中，都明确提出要加强农村思想政治工作，习近平总书记在重要会议和场合也多次表示，要重视和加强农民思想道德建设，这些都表明党和国家将农村思想政治、农民思想政治教育放在了重要位置。以上，都为高素质农民的思想政治教育工作指明了方向，由此可见，加强高素质农民的思想政治教育中不可或缺的一环便是对高素质农民的教育。在《高素质农民培训规范（试行）》中明确了高素质农民培训课程体系中的综合素养包括但不限于思想政治、农业通识、农业农村政策法规、文化素养；培训师资中的政策讲师要求是熟悉"三农"情况、具备相应政策理论水平的院校教师或行政部门管理人员。高素质农民培育的重要内容之一为思想政治，它承担着提高高素质农民的思想政治教育的任务。党的二十大报告中强调，要统筹推动文明培育、文明实践、文明创建，推进城乡精神文明建设融合发展，在全社会弘扬劳动精神、奋斗精神、奉献精神、创造精神、勤俭节约精神，培育时代新风新貌。

第三章　加强农民思想政治教育的必要性

第一节　推进新农村建设的需要

农民思想政治教育对于树立先进的思想观念和良好的道德风尚，引导农民崇尚科学、抵制迷信、移风易俗、破除陋习、形成科学健康的生活方式，贯彻落实以人为本、统筹兼顾、构建和谐社会具有重要的现实意义，有助于社会主义新农村建设目标的达成，是推进新农村建设的需要。

一、农村经济社会健康发展的重要保障

思想政治工作是一切工作的生命线，任何时候都不能动摇。越是深化改革、扩大开放，越是发展社会主义市场经济，越要重视和加强思想政治工作。改革开放40多年的实践证明了这一点。就农村而言，无论是以家庭承包经营为核心的农村经营体制改革，还是以税费改革为核心的农村分配关系改革，每次改革带来的新的农村社会问题和农民思想问题，都需要通过农民思想政治教育工作去宣传党的政策、解疑释惑、动员参与、凝聚民心、了解民情、疏导矛盾和稳定社会，以帮助农民正确看待农村经济社会发展过程中出现的种种“不公平现象”，理性对待农村改革带来的“利益冲突”，并在帮助他们解决生产、生活实际困难和思想困惑的过程中，营造公平公正、诚实守信、团结友爱、上下和谐、同心同德、积极进取、勇于开拓创新的乡村氛围，以保障农村改革和建设的顺利进行，促进农村经济社会持续健康发展。实践证明，有效开展农民思想政治教育工作是深化农村改革、促进农村经济社会持续健康发展的重要保障，以建设社会主义新农村为核心的农村综合改革也不例外。

农民是农村改革和建设的主体，是农村改革和建设的践行者。正

如海涅所说，“思想走在行动的前面，就像闪电走在雷鸣之前一样”，思想是行动的先导。农村搞改革、搞建设首先要解决农民的思想问题，思想问题不解决，改革和建设就没法顺利实施。当前社会主义新农村建设还需要进一步开展宣传和动员工作。通过开展农民思想政治教育，讲清党和政府关于农村经济社会的改革与建设部署，社会主义新农村建设的政策、措施，把农民的思想统一到当前的农村改革与新农村建设中来，使他们认清社会主义新农村建设的重要性和紧迫性，积极主动地投身到社会主义新农村建设的各项任务中去，充分发挥聪明才智和主人翁精神，为实现社会主义新农村建设的各项目标而奋斗，进而推动农村经济社会持续健康发展。

二、提高农民素质的必要途径

要加强思想道德和科学文化建设，努力把广大农民培育成有知识的文化人、讲道德的文明人、懂技术的内行人、会经营的明白人。作为新农村建设的主体，农民政治觉悟和思想道德修养的高低决定了新农村建设成功与否，科学文化知识的多少、技能水平的高低决定了新农村建设质量的好坏。调查情况表明，农民思想政治素质、文化素质与新农村建设要求不相适应是新农村建设存在的一个突出问题。在政治素质方面，不少农民对国家的政策从形式到内容都缺乏应有的了解，甚至是与他们切身利益相关的惠农政策，很多农民也不清楚。很多农民没有政治参与的动机和要求，参政意识淡薄，没有把它当作自己的权利和义务，对基层民主政治建设缺乏积极性和主动性。在思想素质方面，大部分农民的思想还比较保守，传统的小农意识根深蒂固，普遍存在“小富即安”的心理，缺乏干大事、创大业的开拓进取精神。

思想政治教育作为一种教育活动，旨在用“科学的理论武装人、以正确的舆论引导人、以高尚的精神塑造人、以优秀的作品鼓舞人”。通过开展农民思想政治教育提高农民的政治素养、思想道德素质和文化素质是必要而可行的。

第一，政治教育是思想政治教育的核心内容。任何一个阶级和政治集团的思想政治教育，都是以传播政治理论和政治价值观，使教育对象建立相应的政治信念为根本目的和任务的。通过对农民进行无产阶级政治理论和观点教育、党的路线方针政策教育、法治教育、社会主义合格公民教育等实践，可以逐渐培养农民的政治兴趣和政治意识，提高农民的政治觉悟，调动农民的政治热情，增强农民关心政治、参与政治的积极性和自觉性；可以培养农民的民主法治意识，增强法治观念和依法维权意识，推动社会主义新农村基层民主政治建设。

第二，思想道德教育是思想政治教育的主干内容。通过开展农民思想政治教育，帮助农民树立正确的世界观、人生观和价值观，坚定社会主义理想信念，形成正确的义利观、荣辱观，培养诚实守信、善良正直、尊老爱幼、乐于奉献、锐意进取等良好的思想道德品质，为社会主义新农村建设提供精神动力。

第三，农民思想政治教育往往与农业科技、劳动技能培训相结合，能够让农民从思想上认识到依靠自身改变现状的可能性、必要性和迫切性，产生提高自身文化素质的自我要求，促使农民自觉、主动地汲取科学知识，接受现代农业生产理念，学习现代农业技术，学习和掌握多种劳动技能，以便更好地投身于社会主义新农村建设并从中获益。另外，开展农民思想政治教育的过程本身也是传播文化知识的过程。

三、完善新农村基层组织建设的有效方式

农村基层组织是党在农村的执政基础，主要包括农村基层党组织和村民委员会、共青团、妇联、民兵连、农村集体经济组织、农民专业经济合作组织等群众性社会组织。农村基层政权稳定与否，取决于农村基层组织完善与否；农业、农村现代化水平的高低和农民主体地位的实现与否，取决于农村基层组织管理有效与否和服务到位与否。发展农业和农村经济，一靠政策，二靠科技，三靠投入，而所有这一切，归根结底，要靠以党组织为核心的农村基层组织团结和带领广大农民群众去落实，都离不开基层组织的有效工作。多年的实践证明，农村工作千头万绪，抓好农村基层组织建设是根本，是关键，是必须做好的基础工作。党的领导是建设社会主义新农村的根本保证，以党

组织为核心的农村基层组织是建设社会主义新农村的基础和关键。大力推进农村基层组织建设，提高基层执政能力，能够为社会主义新农村建设提供坚强的组织保证。

建设社会主义新农村，必须大力加强农村基层组织建设，而深入开展农民思想政治教育是完善农村基层组织建设、提高基层执政能力的有效方式。思想政治教育虽然不能直接为农村基层组织的建设提供金钱和物质上的支持，但是可以为基层组织的健全和发展提供思想政治保障，可以促进农村基层组织的管理、教育和服务功能的良好发挥。

首先，思想政治教育工作通过向农村基层组织的管理者和农民群众宣传党和国家的路线、方针、政策，法律法规、条例，向他们灌输正确的思想，使他们紧紧团结围绕在党的周围，为农村社会的政治稳定做出贡献。

其次，在开展思想政治教育工作的实践过程，能够及早发现农村社会事务中的不良发展态势，及时纠正和解决基层组织运行过程中出现的问题，避免或缓解群众与组织、干部与组织之间的矛盾，以维护良好的农村社会秩序和保障尽可能多的农民切身利益。

最后，开展有效的思想政治教育工作可以增强农民的组织意识，使基层组织的建构不断完善，基层组织管理者的素质和管理水平不断提高，基层组织活动的形式和内容不断丰富，基层组织运作的规范化程度不断提升，促进农村基层组织发挥其应有的领导、协调、保障作用，提升农村基层的执政能力，进一步巩固农村基层政权。

四、建设社会主义和谐新农村的必然要求

我国国情决定了社会主义和谐社会离不开农村社会的和谐，解决“三农”问题始终是构建和谐社会进程中全局性、根本性的问题。社会主义新农村建设是新形势下促进农村经济社会全面发展的重大战略部署，是系统解决“三农”问题的综合性措施，是贯彻落实科学发展观和构建和谐社会的重大举措，是实现全面建成小康社会目标的必然要求。通过推进社会主义新农村建设，加快农村经济社会全面发展，缓解农村的社会矛盾，减少农村不稳定因素，为构建社会主义和谐社

会打下坚实的基础。

首先，农村经济建设过程中需要解决思想问题，理顺各种利益关系，否则发展进程就会受到影响，农村经济建设的社会主义方向也难以保证。大多数农民的思想还比较保守，传统的小农意识根深蒂固，没有远见，眼睛只盯着眼前的利益，“小富即安”的心理普遍存在，缺乏干大事创大业的开拓进取精神。只有把思想政治教育工作贯穿到农村经济建设工作中去，才能更新农民思想观念，让农民从思想上接受和认同改革，从行动上积极投身于农村经济建设的浪潮，发家致富，才能为农村经济发展做贡献。

其次，农村民主政治建设需要正确的政治理论来指导，需要农民具备一定程度的政治素质和民主法治意识，否则“管理民主”的目标就难以实现。通过对农民实施政治教育，开展农村形势与政策教育、法治教育，可以培养农民的政治兴趣，增强农民的政治意识和政治觉悟，调动农民参政的积极性和主动性，并引导农民的政治行为，培养农民的民主法治意识，增强法治观念和依法维权意识，依法行使自己的政治权利，履行自己的义务，推动社会主义新农村基层民主政治建设。

再次，农村文化建设过程中需要正确的舆论导向和价值观引导，否则农民就有可能受到不良文化的影响，农民的思想作风、农村的乡风就有受到腐化的危险。农民受教育程度普遍比较低，文化素质不高，封建迷信思想严重，陈规陋习比较多，尤其是在偏僻的小山村。而抓农村文化建设，只有把思想政治教育贯穿其中，才能保证抓出成效，保证农村形成健康向上的社会精神风貌。

最后，社会主义新农村社会建设主要包括农村基本的民生建设、农村社会的安全建设以及农村社会的管理模式建设，涉及农村的科、教、文、卫、社会保障、计生、劳动就业、治安管理、农村社会管理等方面的内容，与农民的生产生活息息相关，备受农民群众关注。搞好农村社会建设，一是需要通过思想政治教育工作来培养一支政治、思想素质过硬、服务意识强的建设队伍，否则就不会有良好的社会服务体系、有效的社会管理。二是通过开展农民思想政治教育，提高农民的政治觉悟、思想道德品质和民主法治意识，更新思想观念，并把农民思想政治教育同解决农民的实际生产、生活问题相结合，在很大程度上促进了农村的各项社会建设事业的发展。

此外，农民思想政治教育能帮助农民改变落后的生产、生活方式和习惯，重视环境保护，形成正确的生态价值观，正确处理人与自然的关系。近年来，耕地面积有逐年下降的趋势，农村环境污染、生态破坏比较严重。

综上所述，开展农民思想政治教育是建设“民主法治、公平正义、诚信友爱、充满活力、安定有序、人与自然和谐相处”的社会主义和谐新农村的必然要求。

第二节　推进社会主义核心价值体系建设的需要

一、弘扬国人精神的需要

“团结和谐、爱国奉献、开放包容、创先争优”，是漫长的历史长河中，通过积淀和孕育而形成的特有精神品质，是国人在发展进步过程中逐步积累、丰富起来的文化内核和思想动力，是一代又一代国人创造、实践、传承的价值和理想。

一要充分运用各类宣传平台，采取多种形式，广泛宣讲国人精神，营造浓厚的宣传氛围。

二要把国人精神体现到各方面。要在政策条文、规章制度等制度文化中体现；要在各地人造景观、文化塑像、广场道路等物态因素中体现；要在文化产品、文化产业中体现；要在行为准则、人际交流、生活方式以及其他行为方式中体现；要在风俗习惯、道德规范中体现。从而真正体现“处处是文化、无处不精神”的现代发展理念，为践行国人精神营造良好的氛围。

二、推进社会主义核心价值体系建设的需要

社会主义核心价值体系是社会主义制度的内在精神之魂。新农村建设需要社会主义核心价值体系的引领，否则就有可能偏离社会主义方向。只有努力构建具有广泛感召力的社会主义核心价值体系，用以

引领和整合多样化的思想观念和社会思潮，才能在尊重差异、包容多样的基础上保持全社会共同的理想信念和道德规范，形成各民族奋发向上的精神力量和团结和睦的精神纽带，打牢各族人民团结奋斗的共同思想道德基础。建设社会主义核心价值体系既是当前的紧迫任务，又是长期的战略任务，要结合农民实际思想状况，从农民关心的事情入手，通过坚持不懈、持之以恒的努力，在农村真正建立社会主义的价值体系，用社会主义的意识形态武装农民的头脑，使之真正成为农民群众的普遍共识，转化为广大农民群众的自觉行动。

当前，社会主义文化建设、思想道德建设的重点，就是要建立社会主义的核心价值理念。社会主义文化建设和意识形态建设的关键，就是抓好农村社会主义核心价值体系的构建。建设社会主义核心价值体系对农村而言，就是要加强社会主义新农村文化建设，加强农民思想道德建设。因此，各级领导干部，特别是农村基层干部要从全面构建和谐社会和推进社会主义新农村建设的战略高度，充分认识在农村文化建设中加强社会主义核心价值体系构建的必要性与紧迫性，不断加强社会主义核心价值体系在农村的宣传和教育工作。通过对广大农民群众开展马克思主义理论教育、社会主义理想信念教育、爱国主义教育和社会主义荣辱观教育，帮助农民建立社会主义核心价值理念，让他们正确把握社会主义核心价值体系的科学内涵和深刻认识践行社会主义核心价值体系的重要意义，把社会主义核心价值体系的要求落实到具体实践中。

第三节　推动当代中国马克思主义大众化的需要

一、当代中国马克思主义大众化是新农村建设的内在要求

首先，社会主义新农村建设必须以当代中国马克思主义为指导。当代中国马克思主义特指中国特色社会主义理论体系，中国特色社会主义理论体系是包括邓小平理论、“三个代表”重要思想和科学发展观在内的科学理论体系，是对马克思列宁主义、毛泽东思想的坚持和发展，习近平新时代中国特色社会主义思想是中国特色社会主义理论

体系的重要组成部分。马克思主义是立党立国的根本指导思想，而中国特色社会主义理论体系作为马克思主义中国化的最新理论成果，是一切中国特色社会主义建设事业的指导思想。社会主义新农村建设是党在新的历史时期，在深入分析当前国内外发展形势的基础上，从全党和全社会事业发展的全局出发提出的一项重大历史任务，是落实科学发展观的重大举措，是党对我国社会主义建设规律的新探索。社会主义新农村建设必须以邓小平理论、“三个代表”重要思想为指导，以科学发展观为统领，全面贯彻习近平新时代中国特色社会主义思想，保证社会主义新农村建设沿着正确的方向有效开展。

其次，推进当代中国马克思主义大众化是社会主义新农村建设实践的内在要求。任何一种科学的理论要指导实践，都必须首先为实践主体所理解、接受和掌握。新农村建设实践的主体是农民，在社会主义新农村建设过程中，邓小平理论、“三个代表”重要思想、科学发展观和习近平新时代中国特色社会主义思想只有为农民所熟知、接受并且牢固掌握，内化成农民头脑中的思想和观念，并转化为投身社会主义新农村建设事业的内在动力，才能在农民的实践活动中发挥其指导作用。而这个理论为农民群众掌握的过程，就是其大众化的过程。只有对农民进行马克思主义基本理论教育，特别是中国特色社会主义理论体系的教育，增强农民对社会主义、国家政权和党的领导的认同，实现农民思想意识的马克思主义化，才能最大限度地激发农民的生产积极性和创造力，从而更好地为社会主义新农村建设做贡献。

最后，推进当代马克思主义大众化是社会主义新农村建设顺利开展的迫切要求。当前我国正处于社会转型期，全国正经历着从传统社会向现代社会、从农业社会向工业社会、从封闭社会向开放社会的激烈转型，生活方式、价值取向和思想观念的多元化，先进的、健康的文化与落后的、腐朽的文化交织在一起，让农民无所适从，容易迷失自己。当前，部分农村地区意识形态的多元化和价值观念的畸形化已经严重威胁到以马克思主义为指导的主流意识形态的地位，导致相当数量的农民信仰缺失，影响到农村的稳定和发展。因此，对农民开展中国特色社会主义理论体系的宣传教育，在农村推进当代中国马克思主义大众化，是解决农村现实问题的客观需要，更是实现农村稳定和发展，推动社会主义新农村建设顺利开展的迫切要求。

二、实现当代中国马克思主义在农村大众化的前提

要使当代中国马克思主义能够为广大农民群众真正理解、掌握和接受，并转化为投身社会主义改革建设事业的内在动力，推动当代中国马克思主义大众化，进而推动社会主义新农村建设，就必须开展农民思想政治教育。

首先，农民思想政治教育与当代中国马克思主义在内容上具有本构关系。思想政治教育是一项人类实践活动，普遍存在于阶级社会中一切国家和一切历史发展阶段。其本质上就是统治阶级为巩固本阶级的统治、维护社会稳定、促进社会发展、培养合格社会成员而进行的社会教化活动。我国是中国共产党领导的以马克思主义为指导思想的社会主义国家，基于无产阶级统治的需要，农民思想政治教育在内容结构体系中，必然以无产阶级的意识形态和马克思主义基本理论为主导，以马克思列宁主义、毛泽东思想、邓小平理论和“三个代表”重要思想、科学发展观、习近平新时代中国特色社会主义思想为核心，以爱国主义、集体主义和社会主义教育为根本。思想政治教育只有坚持以上内容，才能达到用无产阶级思想意识武装全党、教育人民、培养出合格的社会主义建设者和接班人的目的。由此可见，农民思想政治教育与当代中国马克思主义在内容上具有本构关系。这种在内容上的本构关系，使得当代中国马克思主义大众化的实现必须以开展思想政治教育为前提。

其次，思想政治教育是当代中国马克思主义大众化的主要载体。无产阶级的思想政治教育，是伴随着世界上第一个无产阶级革命政党共产主义者同盟的建立，伴随着马克思主义的诞生而逐渐形成和发展起来的。马克思主义的诞生，为无产阶级的思想政治教育奠定了坚实的理论基础。马克思主义的形成，标志着无产阶级思想政治教育的产生。中国共产党的思想政治教育从一开始就是以马克思主义为理论基础的，是一门用马克思主义理论武装人民头脑的学问，它具有导向、教育、协调和激励的作用和功能。党的十七大报告提出，开展中国特色社会主义理论体系宣传普及活动，推动当代中国马克思主义大众

化。这对现阶段的思想政治教育工作提出了新的任务和要求。马克思主义基本原理、毛泽东思想和中国特色社会主义理论体系能否被人民群众理解、认同和接受，有赖于思想政治教育在开展理论宣传普及活动中，其职能作用的发挥和社会功能的体现。当代中国马克思主义作为农民思想政治教育的核心内容，农民思想政治教育的实效性，直接影响着它被农民群众理解、认同、接受、掌握和运用的程度。

三、当代中国马克思主义大众化的实现途径

首先，思想政治教育是中国共产党的传家宝和政治优势。马克思主义作为中国共产党的指导思想，其指导地位需要通过自上而下的宣传掌舵、教育引导来巩固和实现。中国共产党自建党起就十分重视思想政治教育。在建党初期，中国工人阶级一无权、二无钱、三无枪，靠的是先进的知识分子在工人阶级中传播马克思列宁主义，播撒革命的火种，唤醒广大工农群众的阶级意识。可以说，没有思想政治教育，就没有革命的工人运动；没有马克思列宁主义与中国工人运动的结合，就不会产生中国共产党。没有思想政治教育，就没有农民运动，中国革命就没有农民这个伟大的同盟军和革命力量，就不会取得革命的胜利。半个多世纪的中国革命和建设实践充分说明，思想政治教育是党的传家宝，它在党的事业中居于极其重要的地位，发挥了巨大的作用，是党的工作的一条重要战线。我国的革命和建设事业，之所以能够在残酷的斗争中，在极其艰难困苦的条件下不断取得胜利，就是因为党的路线、方针、政策的正确和强有力的思想政治教育。当前，在经济全球化的趋势下，在社会价值观念和个体价值取向趋于多元的社会背景下，我国只有通过思想政治教育，马克思主义才能在多元化的社会当中统领多元。也只有通过开展农民思想政治教育这一途径来提高中国特色社会主义理论及其体系的大众接受性，使农民群众对中国特色社会主义为基本内容的社会理想、核心价值、政治取向、文化发展、和谐思想理论综合于一体的社会主义主导价值观念达成普遍共识乃至高度认同，才能有效推动当代中国马克思主义大众化。

其次，农民思想政治教育使当代马克思主义摆脱经院化倾向，实现大众化。马克思主义在中国革命和社会主义建设实践的运用中，经

历了一个由注重“书本词句”到注重“现实关切”、由当作“公式标签”到当作“行动指南”的曲折过程。民主革命时期，以毛泽东为代表的中国共产党人提出了马克思主义中国化的命题，将马克思主义与中国革命实践相结合，创立了毛泽东思想，实现了马克思主义中国化理论成果的第一次飞跃；社会主义建设时期，以邓小平同志为核心的第二代中央领导集体把马克思主义与中国国情相结合，创建了邓小平建设中国特色社会主义理论，实现了马克思主义中国化理论成果的第二次飞跃。当代中国马克思主义的生命力，不论是毛泽东思想还是中国特色社会主义理论体系，不是出自权力垄断、制度控制、法规约束，而是来自对人民大众的吸引力、感召力、凝聚力。换句话说，当代中国马克思主义的生命力取决于其大众化的实现。大众性是马克思主义的本质属性。当代中国马克思主义的大众化，从根本上来讲，正是基于马克思主义的大众本性。当代中国马克思主义如果只是停留在领导干部的工作报告、中共党史的文献中，或者只是作为专家学者的学术研究停留在书斋里，而没有真正被大众所理解和掌握，不仅疏离了马克思主义根本的大众本性，也无法发挥出其真理的力量。正如马克思所说：“理论在一个国家的实现程度，总是决定于理论满足这个国家的需要程度。”检验这种满足程度的最好尺度，就是这种理论的大众化程度。因此，要想方设法让这些中国化的马克思主义理论“渗透到群众的意识中去，渗透到他们的习惯中去，渗透到他们的生活常规中去”，使之成为人民大众接受认同并普遍遵循的指导思想、价值理念、精神支柱，并自觉用于指导社会主义现代化建设实践，发挥当代中国马克思主义真理的力量，进而把它转化为物质的力量。而这一切的实现必须依赖于思想政治教育的宣传普及和教育引导。思想政治教育作为马克思主义大众化的主要载体，通过在农村开展广泛的农民思想政治教育，能够使当代中国马克思主义摆脱经院化倾向，走向大众，实现大众化。

第四节　农村社会发展新形势的呼唤

随着科学技术的迅猛发展和改革开放的深入开展，社会主义市场经济逐步确立，城镇化程度进一步提高，农村经济在获得飞速的发展同时，农村生产、生活方式较之过去发生了很大的变化，农村社会分化为多个阶层，农村社会环境也由过去的相对单纯变得复杂。这一切，都需要思想政治教育工作来引导。

一、农村生产、生活方式的变化呼唤农民思想政治教育

农村生产方式是农村居民对社会生活所必需的物质资料的谋取方式，包括劳动生产方式、技术生产方式、耕作生产方式等。随着科学技术的迅猛发展和农业技术的广泛应用，农村传统的生产方式逐渐向现代化的生产方式转化，农村生产力的提高和新的社会分工，对农村社会的主客体及其生活活动方式产生了重大影响。

农村生活方式是农村居民为满足自身生活需要而进行的全部活动形式，有广义和狭义之分。广义的生活方式包括劳动生活方式、消费生活方式、闲暇生活方式、人际交往生活方式、婚姻生活方式和政治生活方式等方面的内容。狭义的生活方式仅指消费生活方式和闲暇生活方式。改革开放以来，农村生活方式在现代科技、新的生产方式和农村经济体制改革的推动下，发生了很大的变迁。下面着重介绍变化比较突出的农民劳动生活方式、消费生活方式和闲暇生活方式，以及这些生活方式的变化对思想政治教育的呼唤。

1. 农民劳动生活方式的改变对农民思想政治教育提出挑战

第一，以家庭联产承包责任制为中心的农村经济体制改革，极大地调动了农民的生产积极性，使农民在土地利用方式上、种植和养殖上有了自主权，农业生产从比较单一的粮食生产为主转向多种经济作物、经济林种植、水产养殖和热带及亚热带水果种植等发展。

第二，现代农业技术的应用，农村经济的快速发展，以及城镇化进程加快，使农村劳动力有了富余，农民劳动生活的范围不再局限于家中的几亩土地。有的农民走出乡村进城打工；有的农民到周边的乡镇企业上班；有的农民办起了农产品加工厂；有的农民跑起了运输；有的农民搞起了农家乐。

农村劳动生活方式的改变对农民思想政治教育提出了挑战。一方

面，农村劳动生活方式的改变使得农民流动性极大增强，辗转于农村与城市之间的农民，在城市生活的浸染下，思想更为复杂，精神文化需求也日益增强，加强对农民的思想引导，加强道德建设、文化建设成为当前农村的一项紧迫任务。另一方面，农村劳动生活方式的改变使得农民的独立性、自主性增强，对集体组织的依赖性减少，传统的靠权威推动的农民思想政治教育工作方法已不再适应新形势的需要。因此，进一步加强农民思想政治教育，及时更新农民思想政治教育的内容、方式、方法成为当前新农村建设中的一项重要工作。

2. 农民消费生活方式的改变需要加强消费观引导

西方消费经济学理论认为，人们的消费水平主要取决于收入水平，二者呈正相关。随着收入水平的提高，农民的消费水平和消费结构也跟着发生了很大的变化。

此外，消费结构由生存型向发展享受型转变。农村居民消费结构是在一定的社会经济条件下，农民在消费过程中所消费的各种不同类型的消费资料（包括劳务）的比例关系。通常有实物和价值两种表现形式。实物形式是以农民在消费中，消费了哪些消费资料，以及它们各自的数量来表示。价值形式是以货币即农民在消费过程中消费的各种消费资料（包括劳务）的价值量来表示的比例关系。在现实生活中，农民消费结构具体表现为各项生活支出的比例。随着农村经济的发展，农民收入的增长和生活水平的提高，农民的消费结构已由生存型向发展享受型转变。

总体来说，农民消费生活方式已由传统的乡村型逐步向城镇型发展。虽然农民消费水平提高了，消费结构也有了可喜的变化，但是，在调查中笔者发现，当前农民的消费生活中还存在诸多问题。一是重后代轻自己；二是重物质轻精神；三是平时节俭，节日浪费；四是婚丧大操大办，盲目攀比；五是人情消费名目繁多，负担沉重；六是愚昧性消费（烧香拜佛等）、腐朽性消费（赌博等）蔓延；七是消费主动性增强，但权利意识淡薄。导致这些问题的关键因素是农民的消费观念比较落后，跟不上经济社会的发展。因此，把消费观教育作为农民思想政治教育的一项内容，对农民进行科学合理的消费理论引导和消费知识灌输，有助于农民逐步形成健康、科学、文明的消费观念，杜绝农村中日益蔓延的盲目消费、愚昧性消费、腐朽性消费，促进农民合理消费的有效增长。

3. 农民闲暇生活方式的变化需要加强农民闲暇生活的引导

闲暇生活方式指在一定社会历史条件下，人们在其自由支配时间内的活动方式。农民闲暇生活方式可以定义为，农民在可以自由支配的时间内，从事具有补偿体力和脑力消耗、发展自身能力以及获得享受的活动方式。近年来，随着科技的进步，农村经济社会的发展，农民闲暇生活方式发生了很大变化，主要体现在以下几个方面。

一是闲暇时间增多。一方面，科技的进步，现代农业技术的广泛应用，农业机械化程度的大幅度提高，大大减少了农业生产时间，在很大程度上使农民从过去繁重的农业生产劳动中解脱出来，为农民赢得了相对多的闲暇时间。另一方面，随着农民收入的不断提高，越来越多的家用电器走进了农民家庭，减轻了农民的家务劳动负担，使农民有了更多的空闲时间去休闲。

二是闲暇空间扩大。随着农民非农就业领域和就业空间的不断扩大，农民的交往范围逐渐由传统的地缘、血缘、亲缘关系扩展到业缘关系，交往范围的扩大和交通通信工具的便利快捷，使农民闲暇空间大增。其一体现在闲暇活动空间扩大了，由户内到户外，村内到村外，乡村到城市；其二体现在生活空间与生产空间分离，形成了独立的闲暇空间；其三体现在形成了闲暇活动的社会空间。

三是闲暇活动多样化。闲暇时间的增多，为农民多样化的闲暇活动及其方式的选择提供了现实条件。过去，农民的闲暇生活单调贫乏，闲暇时间看看电视、聊聊天、打打牌、串串门、走走亲戚；今天，随着社会主义新农村建设的开展，许多农村建立了文化活动中心、图书室、篮球场，成立了农民业余剧团、文艺队等，极大地丰富了农民的闲暇生活，“琴棋书画”也成为部分富裕农民的新追求。

四是闲暇自主性增强。过去农民生活中的“闲暇”往往是无奈的、被迫的、非自愿的“农闲”。而今，随着农村经济社会的发展，农民思想观念也在不断更新，闲暇意识在新一代农民，尤其是在青年农民当中觉醒，农民闲暇生活逐渐由被动到主动、无奈到自愿、强制到自由选择，闲暇的价值逐渐得到新一代农民的认同。

农民闲暇生活方式的变化，与农村经济生活的发展是分不开的。调查发现，当前农民闲暇生活还存在一些问题。

一是提高素质型的活动较少。马克思把闲暇时间分为消遣娱乐型活动时间和提高发展型活动时间。根据马克思对闲暇时间做的这个基本分类，可以把闲暇活动分为消遣娱乐型活动和提高素质型活动。前者对补偿、恢复体力和精力起到积极作用，后者对个性的发展和素质的提高具有积极的作用。消遣娱乐型活动主要包括串门、聊天、打牌、下棋、看电视、走亲戚等，提高素质型活动包括学习科学文化知识、参加社会活动、从事艺术和科学创造活动等。调查发现，大多数农民闲暇时间主要花在看电视、打牌、打麻将和闲聊上，读书看报、参加培训、学习了解科技知识的很少。一方面是由于农民受教育程度普遍不高，文化素质偏低，另一方面也跟公共闲暇设施不足有关。

二是闲暇消费层次不高，甚至庸俗化。表现在：各种赌博、迷信活动在农村蔓延，尤其是地下“六合彩”赌博活动在部分农村地区盛行，农民不惜花钱去购买各种“六合彩”资料，花大量的时间去研究；商业性的、粗制滥造的，甚至是低级庸俗的文化产品充斥农村文化市场，一些不正规的演出团体，打着“文化下乡”的名义，演出一些格调低下、庸俗不堪的文艺节目。马克思曾经指出，个人怎样表现自己的生活，他们自己就是怎样。生活方式作为一种客观存在，在很大程度上决定了人的思维方式、兴趣爱好和价值取向，制约着社会政治、经济、文化的发展，对整个社会的进步都产生影响。闲暇生活是农民群众日常生活的重要组成部分，是提高农民综合素质的重要方式，是农村实现农民主体发展的重要内容。

农民闲暇时间长了，活动内容多样化了，如果不注意引导，就容易出现一些影响农村经济社会发展进步的不健康、不文明的现象。王雅林、董鸿扬在《闲暇社会学》一书中指出，闲暇时间增多对个体的享受和发展是有利的，但并不意味着闲暇时间量的增加就完全是积极的现象。由于闲暇时间的社会约束性差，容易产生越轨行为和犯罪行为。不少西方学者指出，正是由于缺乏关于如何利用闲暇时间的科学研究、指导和训练计划，才导致了当前西方社会闲暇活动中无节制的享乐主义和消费主义。亚里士多德曾经说过：“闲暇越多，也就越需要智慧、节制和正义。”科学、合理地安排好闲暇时间和开展健康向上的闲暇活动，不仅是农民身心健康的需要，也是农村社会稳定、社会文明发展的需要。因此，通过农民思想政治教育工作来加强对农民闲暇生活的引导，使其朝着健康、文明的方向发展，是加快新农村建设和小康步伐的必要工作。

二、农民阶层分化呼唤农民思想政治教育

农村家庭联产承包责任制的实施，给农村带来了巨大的变化。一方面调动了农民的生产积极性，促进了农村生产力的发展；另一方面使农民获得了农业生产经营自主权、收入支配权和自主择业权。这为农民阶层分化提供了物质基础和前提条件。一方面农业劳动生产率的提高，使农村劳动力有了富余，推动了部分农民非农化；另一方面农业生产比较效益不高，有了自主择业权的农民在利益目标的引导下自然地产生流动，就业范围不再局限于传统的农业和农村，从而带动了农民阶层分化。需要指明的是，这里讨论的“农民”，不是职业意义上的农民，而是一种户籍身份，指在城乡二元结构下与持非农户口的城镇人口相对应的持农业户口的农村人口。在改革之前，我国人口分为两类，即非农业户口者和农业户口者，也就是城镇人口和农村人口，简单地说，就是市民和农民。改革前，国家限制农业户口者从事非农工作，甚至限制农民从事粮食生产以外的农业多种经营。那时，作为身份的农民与作为职业的农民是相一致的。改革开放以后，农民获得了生产经营自主权和择业自主权，引发了农民向其他职业流动，农民在工业化和城市化的过程中实现了职业上的多样化，此时，作为身份的农民与职业的农民在概念上开始分离。

1. 农民阶层分化概况

随着改革开放的深入开展，农村经济社会获得了跨越式的发展，农民不再死守着家里的一亩三分地，实现了职业的多样化。不同的职业决定了农民在收入和地位上的差别，从而导致了农民阶层分化。调

查显示，当前农民大致分化为8个阶层：农业劳动者阶层，农民工阶层，雇工阶层，个体工商户阶层，农村知识分子阶层，乡镇企业管理者阶层，农村私营企业主阶层，农村管理者阶层。

农业劳动者指具有农村户口，承包集体所有的耕地，主要从事种植业或养殖业，并以此为唯一或主要收入来源的劳动者。

农民工指流入城镇从事非农职业的农村人口。他们有的是“离土不离乡”，有的是“离土又离乡”，主要在第二、第三产业中从事着又苦又脏又累的体力活，收入不高，一方面接受工业文明的熏陶，掌握一定的现代生产技能与工业知识；另一方面户籍在农村，拥有承包的土地，同农村、农业有着不可分离的联系。这个阶层是农村中的产业大军，是一个不断壮大的农村社会阶层。

雇工指受雇于农村私营企业、个体工商户的劳动者。他们在家中拥有自己的生产资料，有承包的土地，与资本主义制度下的雇佣工人有着本质的区别。

个体工商户指在农村拥有某项专门技术或经营能力，占有一定生产资料，以个体劳动为基础，从事某项专业劳动或自主经营小型工业、商业、建筑业、饮食业、运输业、修理业、服务业等，劳动成果归劳动者个人占有或支配的农村劳动者。

农村知识分子是在农村从事教育、科技、医药、艺术等智力型职业的劳动者，包括教师、农业技术员、医护人员等，在农村中有较高的社会地位，其中教师是这个阶层的主体。

农村私营企业主指在农村以生产资料私人占有和雇佣劳动为基础，以营利为目的，劳动产品归私人占有的企业经营者。他们往往具备一定的文化水平，组织管理能力强，是农村中的高收入群体，拥有较高的社会地位，有迫切的政治要求。

乡镇企业管理者即乡村集体所有制企业的经理、厂长以及主要科室领导，他们拥有集体企业的经营权、决策权，在农村中属于经济收入、社会地位与声望都比较高的社会群体。

农村管理者指村民委员与村党支部委员会的全体成员。他们具有“干部”和“农民”的双重身份，既代表国家的整体利益，行使行政职能，又代表农民的局部利益，维护社区权益。

2. 农民阶层分化的消极影响呼唤农民思想政治教育

农民阶层分化是农村生产力发展的必然结果，是社会发展进步的一种标志。农民阶层分化对促进农业、农村、农民现代化有着积极的作用。但是，不同阶层的农民，职业不同，在收入和社会地位上也存在差别，势必产生各阶层间不同的利益诉求，引发利益竞争和利益矛盾，不可避免地给新农村建设带来一些消极影响。另外，农民阶层分化使农村社会关系发生了新的变化，这些新变化势必会引起农民思想的变化，产生大量的思想问题。这一切都需要通过思想政治教育工作对农民进行积极疏导，以消除农民阶层分化带来的消极影响，排除障碍，为社会主义新农村建设的顺利进行和建设社会主义和谐新农村提供保证。

一是农村贫富差距初显，对农村社会稳定造成冲击。改革开放以来，农民的生活水平普遍有了很大提高，尤其是进入 21 世纪以后，随着中越两国政府“两廊一圈”战略达成共识，中国–东盟自由贸易区建成以及北部湾开发上升为国家战略，农民人均纯收入有了更快的增长。但是，不同农民阶层之间收入存在差异性。目前，农民根据收入情况可分贫困型、温饱型、小康型、富裕型四个类别。

二是思想观念多样化与价值观多元化，农村精神文化精髓被解构。农民阶层分化不仅表现在职业、收入、社会地位上，还突出地表现在思想观念上。农民阶层分化带来的一个后果就是思想观念多样化和价值观多元化。表现在现实生活中，其一，处于弱势的农民阶层对社会倡导的社会主义共同理想日渐淡化，迷信、金钱至上思想趋热，社会主义理想信仰对农民群众的凝聚作用和对社会的感召作用降低，马克思主义在意识形态领域的指导地位受到影响。其二，传统社会农民普遍认同的诚实守信、重义轻利、勤俭节约、与人为善、尊老爱幼等价值观、荣辱观、道德观受到冲击，社会主义主导价值观受到挑战，农村出现道德滑坡现象。其三，农村家庭凝聚力弱化，因老人赡养问题、财产分割问题而引起的家庭纠纷增多。其四，农村地方民俗文化因青壮年农民的外流而难以传承，民俗精神逐渐失落，民俗文化的凝聚力逐渐瓦解。

三是非制度化政治参与增多，不利于农村民主政治建设与发展。政治参与指公民、政党等社会团体和组织通过各种途径介入政治生活，试图影响政治体系运行方式和规则，尤其是决策过程的活动，主要体现在参与公共事务的管理与协商，参加公共政策的制定与执行，参与基层民主建设和自治活动，主要方式有投票、选举、集会、结社、政治接触和游行示威等。阶层分化从来都不是一个纯粹的经济现象。阶层分化打破了农民原先基本一致的利益格局，形成不同的利益群体。为维护各自的利益，各阶层的政治参与诉求和方式日趋多样。阶层分化和利益群体形成的过程，同时也是新的政治主体不断出现和各种政治力量不断组合与博弈的过程。近年来，农民政治参与的积极性相对提高，政治参与活动增多。但是，由于农村民主政治建设落后于农民阶层分化对民主政治的要求，制度化政治参与的渠道不够通畅，使农民难以通过制度性参与方式去表达他们的政治诉求和解决事关自身利益的各种问题和纠纷，导致非制度性政治参与增多。所谓非制度性政治参与，指采取不符合国家宪法、法律、规章、政策、条例所规定的制度和程序而进行旨在影响政治决策过程的活动。非制度性政治参与通常比较多地发生在普通农业劳动者、失地无业农民等弱势群体身上。一方面由于普通农业劳动者、失地无业农民等弱势群体利益受损最严重，表达利益诉求的愿望最强烈；而另一方面部分农村基层干部和执法者素质不高，部分干部家长制和官僚主义作风严重，工作方式简单粗暴，致使这些弱势群体的利益诉求无法通过正常渠道得以表达和满足，从而选择了非正常的方式，造成干群关系紧张，不利于农村民主政治的建设与发展。

三、农村环境复杂化呼唤农民思想政治教育

1. 邪教与非法宗教活动有所抬头

邪教作为一种社会现象，存在于世界各个角落，因其社会危害性大而与黑社会、恐怖组织并称“世界三大害”。在中国，邪教古已有之，清朝尤盛。关于邪教的概念，不同的国家、不同的历史时期会有

不同的定义。我国把邪教定义为："冒用宗教、气功或者其他名义建立，神化首要分子，利用制造、散布迷信邪说等手段，蛊惑、蒙骗他人，发展、控制成员，危害社会的非法组织。"邪教与宗教有着本质的区别。邪教往往披着宗教的外衣，借宗教之名行邪恶之事。

我国理论界普遍认为邪教具有以下特点：一是绝对的教主崇拜，二是反社会性，三是末世论，四是严格的精神控制，五是聚敛钱财，非法牟取暴利。近年来，邪教组织在世界各地迅速发展，数量呈不断上升的趋势。

进入21世纪以来，从中央到地方都加大了对邪教和非法宗教活动的打击力度，各地也采取了有力措施，邪教和非法宗教活动受到了严厉打击，但未能完全消除。

邪教和非法宗教活动是扰乱社会治安、影响社会稳定的一个突出问题。尽管加大了对邪教和非法宗教活动的打击力度，但是，也必须注意到，进入21世纪以来，部分地区的邪教和非法宗教活动有所抬头。

邪教和非法宗教活动的蔓延，严重干扰、破坏了社会主义新农村建设与和谐社会的构建，当前迫切需要加强农民思想政治教育工作，帮助农民树立正确的世界观、人生观、价值观，提高农民的思想素质和文化水平，创新思路，创新机制，深入开展反邪教警示教育活动。一方面，通过内容丰富、形式多样、群众喜闻乐见的反邪教警示教育活动，帮助他们认识邪教的反社会本质，增强农民群众识别邪教和抵御邪教的能力，进一步引导农民树立讲文明、讲科学的文明新风尚，自觉抵制不良文化和歪理邪说的侵蚀，破除不文明的风俗，杜绝封建迷信等不健康的活动，崇尚科学，远离邪教，在农村形成健康向上的社会风貌。另一方面，大力宣传党的宗教政策和法治教育，帮助农民提高认识，对于邪教和非法宗教活动我国是坚决打击的。对于利用宗教活动危害国家安全、公共安全，侵犯公民权利，妨害社会秩序，侵犯公私财产等构成犯罪的行为，将依法追究刑事责任；不构成犯罪的，由有关主管部门依法给予行政处罚；对公民、法人或者其他组织造成损失的，将依法追究民事责任。

2. 传销活动猖獗

在我国，传销指组织者或者经营者发展人员，通过对被发展人员以其直接或者间接发展的人员数量或者销售业绩为依据计算和支付报酬，或者要求被发展人员以交纳一定费用为条件取得加入资格等方式牟取非法利益，其严重扰乱经济秩序，影响社会稳定。

第四章　加强农民思想政治教育的具体对策

第一节　优化农民思想政治教育组织领导

农民思想政治教育是一项有组织、有目的、有计划的教育活动，农民思想政治教育的顺利实施与有效开展，离不开必要的组织领导。换句话说，良好的组织领导是农民思想政治教育有效开展的前提。加强新农村建设背景下的农民思想政治教育，首先必须优化农民思想政治教育的组织领导。然而，农村基层党组织弱化，村党支部与村委会“两张皮”，以及农村基层干部素质不高等问题的存在，使得当前农民思想政治教育组织领导不力。因此，加强农民思想政治教育，要以新农村基层组织建设为切入点，优化农民思想政治教育组织领导。

一、加强党的领导

中国共产党是中国特色社会主义事业的领导核心，党的领导是我国各项事业顺利进行的坚强保证。思想政治教育是中国共产党的一大法宝和政治优势，中国共产党的领导是思想政治教育在民主革命时期和社会主义建设时期发挥其思想保证、精神动力和智力支持的根本保证。农民思想政治教育作为党的思想政治教育的重要组成部分，必须坚持党的领导。

在农民思想政治教育中加强党的领导，是指加强各级党组织对农民思想政治教育的决策、规划、预测、号召、指挥、监督、舆论引导等。党对农民思想政治教育的领导主要表现在政策层面和执行层面。从政策层面上来说，党通过制定政策，确立农民思想政治教育的地位、方向、目的和内容，统一规划部署，为农民思想政治教育提供政策支持，营造开展和实施农民思想政治教育的舆论和社会氛围。从执行层面上来说，各级党组织负有组织、领导和实施农民思想政治教育的责任。在农民思想政治教育实践活动中，各级党委既是本地区农民思想政治教育工作组织者和实施者，又是领导者。对农民思想政治教育的领导不光停留在政策层面，当政策制定之后，还需要各级党委担负起组织、领导和实施具体工作的责任，将政策落到实处。如果没有具体的工作支撑，农民思想政治教育就成了空谈。在具体的实施过程中，教育目标的设定、教育内容的确定、教育方式方法和载体的选择、机构的设置、队伍的建设、教育过程的管理等，都离不开各级党组织的领导。

农民思想政治教育是一项政策性强、方向性和目的性十分明确的教育活动，为了确保农民思想政治教育能够沿着正确的方向顺利开展，保证教育目的的有效实现，在社会主义新农村建设中能够发挥出应有的作用，必须加强党的领导。

1. 充分发挥基层党组织在农民思想政治教育工作中的领导作用

基层党组织是党在农村全部工作的基础和领导核心，是党联系农民群众的桥梁和纽带，是实现党对农民思想政治教育领导的组织基础。加强党对农民思想政治教育的领导，充分发挥基层党组织的领导作用是关键。因为农村基层党组织与农民群众有着直接的联系，了解农村和农民的情况，便于倾听广大农民群众的呼声，及时掌握农民群众的思想动态，以便向上级党组织反映农民群众的愿望和需求，及时调整农民思想政治教育的内容、方式、方法，保证党的思想政治教育符合农民群众的实际和需求。

首先，基层党组织要高度重视农民思想政治教育。农民思想政治教育工作存在的问题，很多都与基层党组织的重视不够有关。当前仍然存在对农民思想政治教育不够重视的问题。对此，基层党组织领导干部要从建设现代化新农村的战略高度，充分认识加强农民思想政治教育的重要性和必要性，确实把农民思想政治教育当作农村经济工作和其他一切工作的生命线，解决基层党组织存在的“一手硬，一手软”的问题，把农民思想政治教育纳入整个新农村建设工作规划当中，认真研究新农村建设时期农民思想政治教育的特点和面临的问题，总结经验，制定切实可行的措施，并经常督促、定期检查农民思想政治教育的落实情况，切实加强和改进农民思想政治教育工作，使农民思想政治教育系统化、制度化、科学化。

其次，县、乡（镇）、村各级党组织的领导干部要亲自抓农民思想政治教育。毛泽东同志强调：“各地党委的第一书记应该亲自出马来抓思想问题，只有重视了和研究了这个问题，才能正确地解决这个问题。”要把农民思想政治教育作为一项重要的工作列入县、乡（镇）、村党组织领导干部职责范围，实行领导干部责任制，明确领导干部任期内农民思想政治教育的具体目标和要求，纳入领导干部的工作目标考核范围。县、乡（镇）、村党组织的领导干部要担负起本地农民思想政治教育的组织、领导和实施职责，围绕新农村建设，做好当地农民的思想政治教育工作，激发农民群众的积极主动性和开拓创新精神，使党的路线、方针、政策在农村和农民当中得以有效地贯彻落实。

2. 加强农村基层党组织建设，充分发挥基层党组织的战斗堡垒作用和党员的先锋模范作用

社会主义新农村建设需要一个坚强有力的领导核心，没有一个坚强有力的基层党组织，建设社会主义新农村就成了一句空话。农民思想政治教育需要一个坚强有力的基层党组织来组织、领导和实施，否则就难以保证正确的方向和长期有效地开展。基层党组织作为农民思想政治教育的直接组织者、领导者和实施者，加强党的领导，就必须加强农村基层党组织建设，充分发挥基层党组织的战斗堡垒作用和党员的先锋模范作用，这是当前加强农民思想政治教育，推动社会主义新农村建设的重要环节。

根据现阶段农村基层党组织存在的问题，应当着重做好以下几个方面的工作。一是采用“走出去，请进来”的办法，加强基层党员干部的教育与培训，全面提高基层党员干部素质；二是积极培养和发展有文化、有能力的年轻党员，为基层党组织储备力量；三是狠抓党风建设，杜绝贪污受贿、以权谋私等腐败现象，在农民群众中树立良好的组织形象；四是树立求真务实的工作作风，发挥战斗堡垒作用，切实解决农民的思想问题与实际问题，为农民群众办实事，办好事；五

是建立有效的工作机制，明确工作职责，解决没人管事、没人办事的问题。

二、各级党政群形成合力齐抓共管

农民思想政治教育是一项长期而又复杂的系统工程，单靠农村基层党组织的力量是远远不够的。《中共中央关于加强社会主义精神文明建设若干重要问题的决议》中指出，精神文明建设贯穿在经济和社会生活的各个方面，全党全社会必须引起高度重视。要在党委统一领导下，党政部门和工会、共青团、妇联等人民团体齐抓共管，形成合力。

农民思想政治教育作为农村精神文明建设的重要组成部分，也需要在党委的统一领导下，各级党政部门和基层群众组织分工协作，各负其责，相互配合，形成强大的合力齐抓共管。

首先，各级党政部门和群众组织要扭转对农民思想政治教育的地位和重要性认识上的偏差，在思想上形成共识，树立全员思想政治教育的责任感和紧迫感，为形成合力齐抓共管提供牢固的思想基础。

其次，要明确各级党政部门和群众组织在思想政治工作中的职责，理顺相互间的关系，逐步形成在党委统一领导下，各级党政部门和群众组织分工协作、各司其职、齐抓共管的农民思想政治教育工作管理体制和运行机制，为农民思想政治教育工作形成合力提供可靠的组织保证。

党委是农民思想政治教育工作的统帅和领导核心。主要负责组织、监督、支持、发动、领导农民思想政治教育和干部管理，围绕新农村建设这一中心工作，根据本地实际，制订农民思想政治教育的总体规划，并组织实施，监督贯彻执行情况，统一领导各村农民思想政治教育工作，抓好领导班子建设和农民思想政治教育队伍的建设。

行政部门是农民思想政治教育工作的龙头。这种地位主要体现在对农民思想政治教育的参与、确保、支持和检查上。宣传、教育、财政、人事、公安、统战、民族宗教管理、农业主管等行政部门，要把农民思想政治教育作为行政工作的重要内容，对领导干部实行“一岗双责”制度，把农民思想政治教育工作与农村各方面工作相结合，党政共同负责、参与农民思想政治教育工作重大问题的决策，参与组织实施教育活动，并为农民思想政治教育工作的开展提供必要的物质保证。

基层群众组织在农民思想政治教育工作中起协助和配合的作用。村委会、共青团、妇联、民兵连、治保会、农村经济合作组织等群众组织，是党联系农民群众的桥梁和纽带，与农民群众有着最紧密的联系，在农民思想政治教育工作中能够发挥特殊的作用，能够使农民思想政治教育工作进一步贴近实际、贴近生活、贴近群众，在党委的统一领导下，在行政部门的支持下，发挥各自的优势，做好各自联系的那部分农民群众的工作，积极、主动、创造性地开展各具特色的思想政治教育工作，有利于在基层党组织领导下，建设一支熟悉农民情况、覆盖面广的农民思想政治教育工作队伍，把农民思想政治教育工作推向深入。

在农民思想政治教育工作中，党政群分工协作，在各自职责范围内发挥各自优势，按不同的形式从不同的角度对特定对象进行教育和管理，各负其责保重点，齐心协力攻难点，彼此间相互渗透、相互配合、相互促进、相辅相成，形成齐抓共管的工作运行机制，为农民思想政治教育工作形成合力提供组织保障。

最后，建立和完善农民思想政治教育工作的各项规章制度，为农民思想政治教育工作形成合力提供制度保证。

一是建立健全工作计划安排制度。各级党政群要制订农民思想政治教育工作的长远计划和阶段性责任目标，使工作有计划、实施有步骤、落实有责任、考核有依据，以便准确把握业务工作和农民思想政治教育工作的最佳结合点和制衡点。

二是建立健全调查研究制度。农民思想政治教育工作的各相关职能部门，每半年组成联合工作组深入群众开展农民思想政治教育工作的专项调查，形成调查报告，对调查发现的问题进行认真研究分析，召开农民思想政治教育工作研讨会，不断探索农民思想政治教育工作的方法和途径。

三是建立健全会议制度。坚持每季度召开一次农民思想政治教育工作联系碰头会，每半年召开一次农民思想政治教育工作汇报会，每年召开一次农民思想政治教育工作会议。通过以上会议，加强指导，互通信息，及时发现问题，共同研究对策，共同解决问题。

四是建立健全考核奖惩制度。对在农民思想政治教育工作中做得好的单位和个人给予表彰和奖励，对做得不好的单位和个人进行严肃的批评和处罚，以调动党政群各部门、组织和个人的工作积极性、主动性和创造性。

总而言之，只有加强各级党政部门、群众组织的沟通和协调，理顺关系，明确责任，上下齐心，分工协作，团结一致，相互配合，共同承担农民思想政治教育工作的责任，形成强大的合力，齐抓共管，才能保证农民思想政治教育顺利实施、有效开展。

三、加强对农民思想政治教育的管理和调控

农民思想政治教育不是一成不变的，而是一个复杂的动态过程，为了保证农民思想政治教育的有序进行，就必须加强对思想政治教育的全程管理和调控。科学、系统、规范、完善的管理和调控是农民思想政治教育的有效保证。

农民思想政治教育的全程管理和调控包括制订计划、组织实施、监督检查、总结调整、信息反馈 5 项工作内容。前 4 项是分阶段实施的，而信息反馈工作则贯穿于农民思想政治教育管理全过程，为其他 4 项工作提供依据。

1. 制订计划

制订计划是对农民思想政治教育工作管理的开始，就是依据农民思想政治教育的总体目标以及党和国家的要求，运用科学的管理原理，对实际和农民群众的思想实际进行综合分析，明确具体工作目标，制订出具体的工作实施方案。

计划的制订既要符合党和国家对农民思想政治教育的总体目标和要求，又要适应实际；既要有管理科学的依据，又要符合农民思想政治教育的特点；既要有高标准的要求，又不能不顾客观条件和实际急于求成；既要有一般性的要求，又要有突出重点的硬性指标；既要保持计划的稳定性，又要有一定的弹性，激励创造性地开展工作。总

之，计划的制订要做到科学、有序、明晰、可行、有效。

2. 组织实施

计划制订好以后，接下来就需要对计划进行组织实施，就是组织现有的人力、物力、财力按已制订的计划去实现既定的目标。组织实施的第一步就是对计划进行部署，让相关部门、人员充分了解计划，明确各自的工作内容、责任要求和目标时限，必须做到全面、细致、到位。其次就是加强对农民思想政治教育实施过程的指导。激发和调动农民思想政治教育工作者的积极主动性和创造性，及时协调和解决实施过程中出现的各种矛盾和问题，保证农民思想政治教育沿着正确的方向顺利、有效地开展。

3. 监督检查

监督检查是不断推进农民思想政治教育工作的重要手段。目标制订得正确与否，思想政治教育工作是否按照既定的目标、计划有序开展，阶段工作实施效果如何，对各种因素的控制是否得当等方面的情况，都需要一定的监督检查来了解和掌握。监督检查既是对计划执行情况、农民思想政治教育工作方向和工作进度的了解和考查，也是对农民思想政治教育开展过程中所遇问题和困难的考察，是思想政治教育实施过程中不可缺少的一种信息反馈手段，有利于不断地修正工作计划和实施方式，提高农民思想政治教育工作的有效性。

4. 总结调整

总结调整是在科学管理思想的指导下，在检查、调研的基础上，依照农民思想政治教育工作计划的目标和要求，对前期开展的农民思想政治教育工作进行全面的总结和评价，并作出相应的调整。可以是对年度工作进行总结，也可以是对阶段工作进行总结，还可以是对某项主题教育活动的总结；可以是对整体工作进行总结，也可以是对局部工作进行总结。既要充分肯定成绩，又要找出问题之所在，据此对计划内容、实施方法、工作进度和要求等进行必要的调整，不断总结经验教训，改进工作，为下一阶段的农民思想政治教育工作提供参考，促进农民思想政治教育更加有效地开展。

5. 信息反馈

信息反馈是不断提高农民思想政治教育针对性和实效性的重要手段，贯穿于整个农民思想政治教育管理和调控过程。关键是要建立一个畅通的信息渠道，既能让农民思想政治教育工作领导机关的指令及时传递下去，保证政令畅通，让党和国家的路线方针政策宣传贯彻到基层，让广大农民群众知晓，又能让基层的信息及时反馈到决策和领导、管理机关，以便于根据各个阶段收集到的各种反馈信息，不断调整和改进农民思想政治教育工作，调控农民思想政治教育整个组织管理过程，不断提高针对性和实效性，顺利实现教育目标。

第二节　优化农民思想政治教育内容

思想政治教育内容是一个相对稳定又不断发展的体系，必须坚持与时俱进的品质。系统的农民思想政治教育内容包括政治教育、思想教育、道德教育和心理健康教育四大组成部分，具体的教育内容包括马克思主义基本理论教育，党的基本理论、基本路线、方针、政策教育，社会主义理想信念教育，世界观、人生观、价值观教育，爱国主义教育，社会主义、集体主义教育，社会公德、家庭美德、职业道德教育，民主与法治教育，心理健康教育等。农民思想政治教育内容在选择上，要以提高农民综合素质，培养新型农民，促进社会新农村建设为目标，以农民的思想实际为起点。要结合农村当前的中心工作，结合实际，根据农村发展新形势的要求，与时俱进，适当调整，做到重点突出。

一、突出社会主义核心价值体系教育

《中共中央关于构建社会主义和谐社会若干重大问题的决定》提出了建设社会主义核心价值体系的战略任务。党的十七大报告指出“社会主义核心价值体系是社会主义意识形态的本质体现”，强调要“切实把社会主义核心价值体系融入国民教育和精神文明建设全过程，转化为人民的自觉追求”，并把“社会主义核心价值体系更加深入人

心，良好思想道德风尚进一步弘扬”作为全面建成小康社会的新要求之一。社会主义核心价值体系包括马克思主义指导思想、中国特色社会主义共同理想、以爱国主义为核心的民族精神和以改革创新为核心的时代精神、社会主义荣辱观四项基本内容，是社会主义制度的内在精神和生命之魂，对农民的世界观、人生观、价值观有着深刻的影响，当前农民的思想政治素质迫切需要通过社会主义核心价值体系教育来提升。因此，要把社会主义核心价值体系教育贯穿农民思想政治教育的全过程，使其转化为农民群众的自觉追求。这对提高农民思想政治素质，推动社会主义新农村建设有着重大的意义。

1. 坚持用马克思主义中国化最新成果武装农民

当前我国社会意识形态的多样化倾向不可避免地对农民产生冲击和影响。用发展的马克思主义指导新农村建设实践，引导农民群众树立正确的世界观、人生观、价值观，坚定农民群众对马克思主义的信念。

2. 大力开展社会主义共同理想信念教育

理想信念是一个政党治国理政的旗帜，是一个民族奋力前行的向导。在思想日益多元化的情况下，农民思想政治教育工作者要坚持不懈地用中国特色社会主义共同理想信念凝聚人心，解决好农民的信仰、信念、信心、信任问题，引导农民立足本职，积极主动地参加当前的社会主义新农村建设，在党的领导下，党群同心，艰苦奋斗，开拓进取，共建社会主义新农村，为实现中国特色社会主义共同理想共同奋斗。

3. 深入开展以爱国主义为核心的民族精神教育和以改革创新为核心的时代精神教育

以爱国主义为核心的民族精神和以改革创新为核心的时代精神是社会主义核心价值体系的精髓。以爱国主义为核心的团结统一、爱好和平、勤劳勇敢、自强不息的民族精神，是中华民族赖以生存和发展的强大精神支柱，任何时候都不能丢。

二、注重民族团结教育

民族团结是民族地区建设社会主义和谐新农村的前提条件。当前国外敌对势力不断地利用民族、宗教问题散布谣言、制造事端，妄图破坏我国民族团结，以达到分化我国的险恶目的。作为一个多民族聚居的少数民族自治区，民族文化多样化，宗教多样化，沿海又沿边，既是中国-东盟自由贸易区的桥头堡，又是南海之争的前沿阵地，特殊的地理位置极易成为外国敌对势力开展破坏活动的目标和场所。而一些农民群众由于文化程度不高，辨别能力不强，很容易被别有用心的人利用。

1. 马克思主义民族观、宗教观教育

简单地说，马克思主义民族观就是马克思主义对民族和民族问题的看法；马克思主义宗教观就是马克思主义对宗教和宗教问题的看法。在民族形成和发展的过程中，宗教起着重要的作用。民族问题和宗教问题往往也是纠缠在一起的。开展马克思主义民族观、宗教观教育，对农民进行马克思主义民族、宗教理论、政策的宣传和灌输，十分必要。通过各种形式的宣传、教育，帮助农民正确认识什么是民族，什么是宗教，了解民族、宗教的产生、发展和消亡的过程和规律，了解民族问题、宗教问题是如何产生的，民族问题和宗教问题具有长期性和复杂性，以及解决民族问题、宗教问题的办法等，从而使农民群众能够正确看待和处理现实生活中的民族关系、民族问题和宗教问题。

2. 中国共产党民族理论和政策教育

中国共产党的民族理论和政策，是中国共产党在马克思主义民族观的指导下，根据中国国情和民族问题的具体实际，提出的处理民族问题的基本纲领、基本理论观点和基本政策。使农民群众了解党处理民族问题的基本原则和基本民族政策，强化各族农民促进民族平等、民族团结和各民族共同发展繁荣的责任与意识，促进民族区域自治制度不断发展和完善；帮助农民群众清楚地认识我国的民族问题只有在建设中国特色社会主义、实现中华民族伟大复兴的事业中才能逐步解

决，中国特色社会主义道路是解决我国民族问题的根本道路，自觉投入社会主义现代化建设事业中去，从而推进社会主义新农村建设进程。

3. 中华民族认同观、国家观教育

中华民族认同观教育是农民思想政治教育中的一项重要内容。通过教育，使各族农民群众不仅认同本民族，而且认同其他兄弟民族，坚定各族农民群众对整个中华民族的认同和国家认同。国家观教育着重对农民群众加强中华民族精神、领土疆域意识、主权意识教育，培养农民群众强烈的爱国情感、领土意识和主权意识，树立维护祖国领土完整和主权统一的责任感和使命感，树立祖国利益高于一切的思想观念，针对当前愈演愈烈的南海之争，做到坚决捍卫国家主权、人民安全和领土完整。

三、重视科学文化知识教育

农民作为社会主义事业的建设者和接班人的重要组成部分，不仅要有理想、有道德、有纪律，还要有知识、有文化。人力加畜力的传统农业生产，没有多少科技含量，生产主要是自产自销，所以传统农民可以不需要掌握太多的科学文化知识，可以不懂经营之道。但是随着社会的发展，科学技术日新月异，农业技术发展迅猛，没有科学文化知识，掌握不了新的技术，就会阻碍农业的发展，不懂经营之道就会无法参与市场竞争，难以谋求更多的收益和更高的利润。建设社会主义新农村，亟须培养造就千千万万“有文化、懂技术、会经营、讲文明、守法制”的高素质的新型农民，这是社会主义新农村建设最本质、最核心的内容、最为迫切的要求，也是实现农业、农村和农民现代化的必然要求。

思想政治教育的内容从来就不是一成不变的，而应该与时俱进，随着时代的发展、教育对象的不同而进行变化和调整。一方面，提高思想政治教育的知识含量和科学技术含量，是思想政治教育价值实现的基础，也是提高思想政治教育实效性的手段之一，可以达到事半功倍的效果。另一方面，结合农村发展形势的要求和农民科学文化素质低的实际，农民思想政治教育必须突出科学文化知识教育，从调查情况看，农民群众也迫切需要科学技术方面的教育与培训。

第一，农民思想政治教育工作者要在农民群众中大力宣传知识的力量，弘扬科学精神，指引农民群众坚持科学的态度，帮助农民群众形成崇尚真理、相信科学、尊重科学、依靠科学的良好风气，与各种封建迷信等伪科学做斗争。第二，思想政治教育不能停留在空洞的口号、大道理和形式上，而要在思想政治教育过程中贯穿科学的实际内容，积极开展各种普及科学知识的活动，提高农民思想政治教育的科学化、知识化程度，用文化和科技的力量去造就新型农民。第三，农民思想政治教育工作要与推广农业实用新技术相结合，广泛开展各种形式的农业科技、职业技能等教育与培训，引导农民树立科技兴农意识，改变传统农业生产模式，逐步向新型高效的现代农业发展。第四，各级党委和宣传、教育、科技部门要加大农民科学知识教育的力度，开办农民夜校，组织青年农民到农广校、农函大学习，充分利用大众传媒、农技校等一切可以利用的宣传、教育阵地，开展农村科普教育。

通过加强农民科学文化知识教育，提高农民的科学文化素质，一方面能够使农民群众形成崇尚真理、相信科学、尊重科学、依靠科学的良好风气，争相学科学、爱科学，不断摒弃落后的思想观念和生产、生活方式，移风易俗，破除陈规陋习，形成科学文明的生活方式，促进“乡风文明”，推动社会主义新农村建设。另一方面，使农民能够具有一定的现代农业生产方面的知识和技能，具有一定的经营管理、市场营销与创业能力，成为“有文化、懂技术、会经营”的新型农民，从而更好地推动新农村建设。

第三节　创新农民思想政治教育方法

教育方法是架设于教育内容和教育目的之间的桥梁，其作用在于实现教育目标，完成教育任务。“工欲善其事，必先利其器。”要做好农民思想政治教育工作须讲究方法，方法得当，可以使教育内容更好地为农民群众所接受，取得理想的教育效果；方法不当，则会事倍功半，难以取得预期的教育效果。农民思想政治教育实效性有待提高的一个重要原因，就跟教育方法简单落后、灵活性不足、针对性不强、人文关怀不够有关。“我们不但要提出任务，而且要解决完成任务的方法问题。我们的任务是过河，但是没有桥或没有船就不能过。不解决桥或船的问题，过河就是一句空话。不解决方法问题，任务也只是瞎说一顿。”毛泽东同志用形象的比喻说明了方法的重要性。虽然党在革命、建设和改革开放过程中，积累了很多思想政治教育的方法，但是随着历史条件、周围环境和教育对象的不同，农民思想政治教育方法应当与时俱进，在坚持过去行之有效的传统方法基础上，不断改进和创新。

一、创新农民思想政治教育方法的基本原则与要求

农民思想政治教育作为一门科学，有自身的特点和规律：严格的科学性，鲜明的党性和阶级性，广泛的群众性，很强的实践性和综合性。农民思想政治教育方法创新，需要依据这些特点和规律，结合实际、农民思想政治教育的内容和农民群众的特点遵循以下原则与要求来进行。

1. 遵循实事求是原则，突出实践性

实事求是指从实际对象出发，探求事物的内部联系及其发展的规律性，认识事物的本质。实事求是是党的基本思想路线，是党的一切工作都必须遵循的一条原则，农民思想政治教育工作也不例外。

农民思想政治教育作为一门应用性学科，本身具有很强的实践性。农民思想政治教育的对象，是实践着的农民，农民思想政治教育的方法，要从实践中总结、提炼，并在实践中检验、改进和完善，实践没有止境，创新也没有止境，实践是改进与创新农民思想政治教育方法的基础和源泉。突出实践性，意味着农民思想政治教育方法创新要立足于新农村建设实践、农民群众实践，以及农民思想政治教育实践，使思想政治教育的方法能够适应农村发展形势，符合农村实际，适合教育对象——农民群众的具体情况，便于实施操作，有助于教育目标的达成，切实解决农民群众的思想问题，提高他们的思想道德素

质；意味着农民思想政治教育要善于把方法论与不断变化发展的实践相结合，与各地区、各部门的实际情况相结合，从农民群众的思想实际、生产经营实际和生活实际出发，按照具体实际情况来决定农民思想政治教育方法。

2. 遵循与时俱进原则，突出时代性

与时俱进是党的基本思想路线之一，体现了进取性、时代性、开放性和创新性，是党的一切工作必须遵循的一条原则。农民思想政治教育作为党的工作的重要组成部分，必须遵循与时俱进原则。

首先，农民思想政治教育必须围绕党的中心工作，为党的中心工作服务，而不同历史时期，党的中心工作是不一样的；其次，农民思想政治教育是做农民的思想转化工作的，而农民是有独立思想、独立意识的人，他们的情感、意志、思想会随着时代的不同、主客观情况的变化而不断变化。因此，农民思想政治教育方法必须遵循与时俱进原则，根据时代发展的需要和提供的条件进行不断创新，由单向性向多向性拓展，形成思想政治教育的多向方法，只有这样才不会落后于时代而无法为一定历史阶段的党的中心工作服务。遵循与时俱进原则，突出时代性，要求农民思想政治教育方法创新要与时代同步前进，体现时代的精神和要求，与时代"同频共振"。因时、因地、因人、因事制宜开展农民思想政治教育，任何时候都是最基本、最有效的教育方法。

3. 遵循追求实效性原则，突出针对性

实效性指实施的可行性和实施效果的目的性。我们做任何工作都追求实效性，农民思想政治教育也不例外。农民思想政治教育方法的改进和创新不是随意的，必须突出实效性，即农民思想政治教育的方法不能纸上谈兵，必须具有实施的可行性、可操作性，且能够达到显著的效果。追求实效性，是农民思想政治教育方法实践的出发点和落脚点，它要求农民思想政治教育工作者在思想政治教育方法实践中，力求以最少的时间和精力，取得最佳的教育效果。

农民思想政治教育要追求实效性，就必须突出针对性。从某种意义上说，突出针对性是实现农民思想政治教育有效开展的关键。当前农民思想政治教育实效性不高，一个重要的原因就是针对性不强。农民作为一个庞大的群体，其内部是有阶层分化的。当前农民大致分为农业劳动者、农民工、雇工、个体工商户、农村知识分子、乡镇企业管理者、农村私营企业主、农村管理者 8 个阶层。不同阶层的农民受教育程度不同，职业不同，收入和社会地位存在差别，利益诉求不同，思想政治素质也层次各异，思想政治教育应当针对不同的阶层农民采取不同的教育方法。另外，我国是一个多民族聚居的国家，不同民族的农民群众有不同的民族心理特征和民族文化，农民思想政治教育应当结合农民群众的民族特点采取不同的教育方法。只有做到有的放矢，对症下药，农民思想政治教育才能做到有力、有效、有为。

4. 遵循“以农民为本”原则，突出民主性与平等性

“以人为本”是科学发展观的核心，是一切工作的出发点。农民思想政治教育是做人的工作，“以人为本”就是“以农民为本”，是实施农民思想政治教育的一条基本原则。

随着改革开放的深入和社会主义市场经济的建立，农村经济获得飞速发展的同时，也开阔了农民的视野，农民的思想较之过去更为开放、活跃，民主意识、平等意识逐渐增强，各种诉求不断增多。要提高农民思想政治教育的实效性，必须遵循“以农民为本”原则创新思想政治教育方法，突出民主性和平等性。首先，要树立农民思想政治教育工作者和农民群众双主体观念，尊重农民群众的主体地位和作用，尊重他们的情感、人格、兴趣爱好和合法权益，积极营造民主、和谐的教育氛围。其次，注入民主精神、民主作风，平等对待农民，改变过去那种单向的层层传达、我灌你受、我打你通、我讲你听的教育方式，注重教育工作者与农民群众之间民主、平等的双向交流与互动，变“训话”为对话，注重教育工作者与农民群众之间的情感性交流，弱化“训导”意识，强化“帮扶”意识，主动与农民交换意见，鼓励农民群众发表自己的观点和看法，耐心倾听农民群众的心声，互相启发、互相帮助、共同进步，教育工作者在平等、民主与和谐的情感交流中，达到潜移默化地转化农民群众思想的目的。

二、创新农民思想政治教育方法的基本思路

1. 理论灌输与实践教育相结合

“灌输论”是马克思主义的重要原理。灌输最早是由俄国革命家普列汉诺夫提出的观点，列宁在领导俄国革命的过程中，把蕴含在马克思和恩格斯有关文献中的“灌输”思想阐发出来，结合新的实际，将“灌输”思想进一步系统化、理论化，形成了科学、完整的“灌输论”观点体系。灌输是共产党思想政治教育工作中最基本的方法，是中国共产党的思想政治教育工作的重要历史经验，也是中国共产党思想政治教育工作的基本原则和方法。

需要注意的是，随着社会主义市场经济的建立，农民群众的自主意识也随之强化，单纯的外在灌输已经让农民群众产生一定的排斥心理。因此，当前农民思想政治教育工作者必须转换灌输理念，由以教育工作者为中心向以农民为中心转变，根据农民群众的需要有针对性地选择灌输内容，更新灌输手段，尊重农民群众的主体地位，变直接灌输为间接灌输，变硬灌输为软灌输，“灌”“引”结合，做到超前引导、同步开导、善后疏导，“春风化雨，润物无声”。

2. 教育与自我教育相结合

教育是农民思想政治教育工作者根据一定的社会要求和农民的发展规律，有目的、有计划、有组织地对农民的身心施加影响，使农民发生预期变化的实践活动。自我教育就是在教育工作者的引导下，农民自觉地接受先进的思想和理论，通过反省、反思、自我思想改造等自我修养途径，达到对错误思想和不良行为的克服和纠正，促使农民的思想、品行向好的方向发展。

在新的历史时期，在农民自我意识不断增强的背景下，农民思想政治教育将教育和自我教育相结合，既发挥了教育者的建构性主导作用，又调动了农民的自主意识、主观能动性和创造性；既强调外部灌输，又重视农民内省修养，从内到外共同作用，使农民思想政治教育更贴近农民，更具针对性，从而提高农民思想政治教育的实效性，更好地实现农民思想政治教育的目的。

3. 统一教育与分层分类教育相结合

统一教育指思想政治教育工作者对全体农民群众统一开展教育活动。比如召开农民大会、农村动员报告会、工作报告会、形势报告会、英模事迹报告会、农村广播会等，主要用于宣传党的理论，传达党的路线方针政策，动员、激励和鼓舞士气等。这种统一教育，是迅速传达党的方针政策和决议，迅速推广先进经验的传统的教育方法，因其简便易行，覆盖面大，也容易造成很强的社会影响，在今天依然具有一定的可取性。

农业劳动者阶层主要包括从事种植业和养殖业的农民。这个阶层的农民，文化程度较低，自我致富能力较弱，在农村处于相对弱势的地位，容易产生失落感。对这个阶层的农民，农民思想政治教育工作者关键是要多关心多帮助，及时提供市场信息和种养技术服务，在服务中联络感情，交流思想，做好教育工作。

农民阶层流动性较大，收入较低且很不稳定，需要农民工所在的单位、居住的社区及其户籍所在地家乡的党组织共同负起教育、管理的责任。对这个阶层的农民要从关心其工作和生活困难入手，帮助他们解决实际问题，通过定期联络、不定期开展培训，加强教育、管理。

4. 寓教于乐与寓理于事、寓教于管相结合

寓教于乐是把思想政治教育融入各种文娱活动中。寓教于乐的形式是多种多样的，可以寓教于体育活动，寓教于文化生活，寓教于文艺演练，寓教于游艺交际，寓教于旅游观光、参观访问等。农民思想政治教育工作者通过利用农村活动中心、图书阅览室、体育活动场所等，广泛开展群众性的知识竞赛、棋牌比赛、球赛，组织农民群众观看有教育意义的影视节目，举办文艺会演，让农民自编、自导、自演，还可以组织农民到革命圣地去旅游观光，到社会主义新农村示范村去参观、学习和取经，让农民群众在愉快、欢乐的情境下，增长知识，陶冶情操，激励斗志，得到教育；使农民群众在劳动生产之余，在获得健康高尚的精神享受的同时，思想素质、道德境界得到提高。寓教于乐需要注意的是，农民思想政治教育工作者要事先做好策划，

要选择健康有益的内容，严禁低级庸俗色情或反动的东西，防止和抵制资产阶级腐朽思想的侵蚀。

5. 解决思想问题与解决实际问题相结合

农民的思想问题根源于现实生活，很大程度上就是实际问题的反映。比如经济困难、生产困难、家庭不和睦、邻里不团结、看病难、孩子上学难等实际问题，如果长期得不到解决，就会对农民的思想产生不良影响，造成思想问题。因此，解决农民的思想问题必须抓住思想问题背后的实际问题。如果只讲大道理，离开对农民实际生活的关心和了解，不注意解决农民群众的实际问题，农民思想政治教育工作就成了“无根之木，无源之水”，许多思想问题也就无法得到解释和解决。

解决农民思想问题与解决实际问题相结合，就是要把解决农民的各种实际问题作为农民思想政治教育工作的重要组成部分，主动关心农民的生产、生活，帮助农民排忧解难，做农民的贴心人，把党的温暖送到农民的心坎上，在解决农民实际问题的过程中进行细致的思想政治教育工作，对一时难以解决的困难和问题，向农民群众讲明道理，使他们体谅国家和集体的困难，同时向农民指明前景，给农民以信心和希望，从而达到感化、转化农民思想的目的，实现预期的教育效果。

第五章　用党执政的先进思想教育农民

第一节　用党执政的先进思想教育农民工作的研究

如何增强农村基层干部的执政能力，使农民与党同心同德，有效地理顺农民情绪，化解农村矛盾，减少农村工作的阻力，从而振奋农民的精神，团结农民群众形成合力，引领农民奔小康，是新时期用党执政的先进思想教育农民工作的重要任务。

一、树立用党执政的先进思想教育农民的强烈工作意识

在农村市场经济条件下，用党执政的先进思想教育农民工作将构成对农村的生存发展及其目标实现的直接影响。因此，不但要把这项工作作为农村发展战略的核心内容，而且要树立用党执政的先进思想教育农民的良好意识。要深入开展党的基本理论、基本路线、基本纲领和基本经验教训，深入开展中国革命、建设和改革的历史教育和国情教育，引导广大干部群众正确认识社会发展规律，正确认识国家的前途和命运，树立正确的世界观、人生观和价值观，不断坚定建设中国特色社会主义的理想信念。思想政治工作说到底是做人的工作，必须坚持以人为本。既要坚持教育人、引导人、鼓舞人、鞭策人，又要做到尊重人、理解人、关心人、帮助人。思想政治工作必须结合经济工作和其他实际工作一道去做，把解决思想问题同解决实际问题紧密结合起来。

（一）用党执政的先进思想教育农民是农村工作的首要任务

加强农民思想教育工作，是我们党在发展农村社会主义市场经济的过程中，反复思考又多方探索的问题。在农村发展的新形势下，农村问题头绪繁杂，农民思想工作难做，所有这些构成了用党执政的先

进思想教育农民工作的种种障碍。

必须看到，农村改革的深化，农村经济的发展，对农民教育工作提出了越来越迫切的要求，也把用党执政的先进思想教育农民工作越来越郑重地提到我们面前。我们在抓农村全面发展的过程中，越来越感到用党执政的先进思想教育农民工作与农村全面发展的相辅相成。缺少二者的相互支撑，农村难以持久、健康地发展。农村的全面发展需要动力。这种动力既来自农村发展领域，又来自用党执政的先进思想教育农民工作。

农村实践使我们认识到，不抓好用党执政的先进思想教育农民工作，往往会出现农村经济的发展不但没有带动农村社会的全面进步反而会出现农民思想混乱的现象。这就说明建设富裕文明的社会主义新农村，必须把用党执政的先进思想教育农民工作纳入农村基层党组织工作重要的议事日程，作为一项必不可少的经常性工作抓紧抓好，使之与农村全面建设配合起来，互相促进。

农民的思想状况关系到农村稳定的程度。邓小平同志讲过，中国有 80%的人口在农村，中国社会是不是安定，中国经济能不能发展，首先要看农村能不能发展，农民生活是不是好起来。应该说，农村稳不稳首先是看经济能不能发展，同时还必须注意到农民的思想状况对农村稳定的影响。所以，强化用党执政的先进思想教育农民，是一种有效的工作思路。

在农村快速发展过程中，在农村社会结构的急剧转变过程中，各类问题骤然增多，多种矛盾交错在一起。解决农村和农民的问题及矛盾既要靠改革和发展，也要靠深入细致地用党执政的先进思想教育农民。过去，我国农村有些改革措施，本来是造福农民群众的，但因为缺少必要的用党执政的先进思想教育农民工作，反而被农民群众所误解，不但不接受，甚至引起纷乱。农村实践告诉我们，光有党的好政策还不够，还要有用党执政的先进思想教育农民工作配合，才能为农村发展提供稳定的思想环境和社会环境。

我国农村全面小康建设，需要培养一批有社会主义觉悟和文化科学知识的新农民。而提高农民素质根本的途径是抓好农民的思想教育。毛泽东同志曾经说过：严重的问题在于教育农民。今天，教育农民、引导农民，依然是我们面临的严重问题和急迫任务。现在，农村的经济发展了，农民的生活水平提高了，与此相适应的，也需要使农民的思想道德和文化素质相应提高。这项工作做不好，就会造成农村发展的失衡和失序。所以，必须依靠经常地、扎实地、卓有成效地用党执政的先进思想指导农民教育工作，使农民与党同心同德，并潜移默化地推动农民摒弃旧的习俗，树立新的风尚。这是农村基层党组织的历史责任，农村基层干部应该有这种清醒的自觉意识。

（二）深化对用党执政的先进思想教育农民工作的认识

1. 提升用党执政的先进思想教育农民工作的认识

用党执政的先进思想教育农民工作的教育主力是党员、农村基层干部和农村各级党组织。一定要把这项工作放在非常重要的地位，切实认真做好。这项工作，农村基层党组织要做，农村基层干部要做，农村每个党员也要做。

为了保证农村基层党组织做好用党执政的先进思想教育农民工作，必须从党的建设角度来强化此项工作的重要性，进一步密切这项工作与党的建设之间的联系。

为了做好用党执政的先进思想教育农民工作，农村基层党组织必须加强自身建设，改善领导制度。通过加强党的建设，提高党在农民中的威望，提升这项工作的水平与力度。

我们党的思想教育工作之所以成为党的优良传统和政治优势，就是因为它在广大农民心目中有着崇高的威望和良好的形象，所以才能在农村长期的革命和建设实践中发挥着重大的教育和引导作用，保证了党在农村各个历史发展时期取得伟大胜利。毛泽东同志特别强调，掌握思想教育，是团结全党进行伟大斗争的中心环节。如果这个任务不解决，党的一切政治任务是不能完成的。

2. 强化用党执政的先进思想教育农民工作的实践意识

用党执政的先进思想教育农民工作必须强化实践意识、农村意识，充分尊重农民，善于发现、集中和推广行之有效的做法。

近几年来，我国农村一些地区在加强用党执政的先进思想教育农民工作方面积累了不少经验，比如，广泛开展农村群众性精神文明创建活动；积极组织群众性农村文化体育活动；寓用党执政的先进思想教育农民工作于为农民多办实事之中，于农民的各项活动之中；启发农民自我教育、自我提高等。又比如，一些农村地区注意把用党执政的先进思想教育农民工作与农村建设、农村管理结合起来，借助各种农村组织特别是农民自治组织、文体组织的力量，以及充分发挥老党员、老干部等的作用，做好此项工作。

用党执政的先进思想教育农民工作，要牢固树立实践观点和群众观点，要深入农村实际，深入农村基层调查研究，努力从农村改革和建设的实践中，从生动丰富的农村生活中，开阔思路，寻找办法，不断总结教育的实践经验和完善教育的方式方法。

3. 清醒认识用党执政的先进思想教育农民工作的长期性

广大农村基层干部必须清醒地认识用党执政的先进思想教育农民工作的长期性、复杂性和反复性。经多年封建文化的熏陶，我国农村封建迷信、封建宗法思想源远流长，小农经济和封建思想根深蒂固，形成了较为厚重的历史惯性和文化积淀。邓小平同志曾经深刻指出，我们进行了 28 年的新民主主义革命，推翻了封建主义的反动统治，废除了封建土地所有制，这是成功的、彻底的。但是肃清思想政治方面的封建主义残余影响这个任务，因为我们对它的重要性估计不足，以后很快转入社会主义革命，所以没有能够完成。进入社会主义时期的最初 20 年，我们在思想战线上重视对资本主义思想的批判，而严重忽视了对封建主义思想的批判，致使带有浓厚封建色彩的现象滋长起来。

改革开放以来，由于我们对富裕起来的农民群众缺乏正确的思想引导，致使一些不健康甚至反动的思想在农村一些地区繁衍甚至泛滥成灾。

4. 充分认识用党执政的先进思想教育农民工作的复杂性

随着农村经济体制的变革，我国农村开始从封闭社会向开放社会转变，从单一社会向多元社会转变。这些变革具有复杂的特点，必然包含着农民剧烈的思想、观念乃至行为的冲突和斗争。由于农村经济关系、利益关系的不断调整，必然会给农村带来一系列的实际问题，并造成农民的种种思想困惑。比如，当前我国农村社会的腐败现象，农村市场经济领域中的假冒伪劣和欺诈行为等，都会导致农民在理想信念方面出现种种危机。

我国现阶段的农村，生产力发展水平还比较低，地区发展很不平衡。由于农村多种经济成分并存，必然多层次、多角度影响农民的理想信念和人生观、价值观、道德观。由于各种思想文化相互作用，农民难免会出现各种困惑与迷茫，甚至是某种程度的混乱。

农村全面发展所遇到的一些新情况、新问题，很容易导致农民的思想困惑。比如农村道德的失范，容易导致农民之间关系的紧张以及部分农民对农村的厌倦；农业生产的困难，农村管理的困难，农民生活的困难，不但容易使农民产生悲观情绪和失落感，也可能产生对社会主义的错误看法。这些都在不同程度上导致一些农民的理想信念发生动摇和偏离。

目前，在我国农村，一些农民价值观念扭曲，思想不求上进，精神非常空虚；一些农民甚至相信宿命论、唯心论。由此可见，我国农村的思想阵地从来就不是真空地带。在农村社会剧烈变革的时期，农村改革与发展的先决条件是农民的思想不能乱。因此，我们要加强用党的执政先进思想教育农民工作，以此统一农民的思想认识。

必须高度重视当前国际环境的复杂性和国际政治斗争的严峻性，及其给农民思想带来的不良影响。必须清醒认识社会主义初级阶段用党执政的先进思想教育农民工作的长期性、复杂性和反复性。必须在高度重视对资本主义腐朽思想批判的同时，高度重视对封建主义残余思想的批判，坚持不懈地用党执政的先进思想教育农民。

二、用党执政的先进思想教育农民的基本要求

（一）加强用党执政的先进思想教育农民工作的科学性建设

1. 用党执政的先进思想教育农民工作要社会化和制度化

用党执政的先进思想教育农民工作要发展，必须适应农村发展形势，紧紧追赶时代前进步伐，认真研究农村市场经济发展带来的有利条件和不利因素，研究不同层次农民的精神需求和价值取向，研究工

作的新机制、新方式，推动工作的社会化、制度化。

在用党执政的先进思想教育农民的同时，要注意把精神鼓励和物质鼓励结合起来，努力做到义利统一，使我们党的执政思想成为农民更加自觉的行动。用党执政的先进思想教育农民工作必须坚持凝聚民心、稳定农村社会秩序、调动农民积极性、正面教育为主的方针，使这项工作更有效地覆盖全国农村。在工作中，要注意强化法律、政策、管理等方面的约束功能，善于把正确的思想观念、道德情操渗透在用党执政的先进思想教育农民工作之中，使农民的自律与他律、内在约束与外在约束有机地结合起来，努力形成扶正祛邪、扬善惩恶的良好农村环境。

2. 提高用党执政的先进思想教育农民工作的科学性

随着时代的发展，农民的思想观念、价值取向、行为方式也必然会随之发生变化，这就要求用党执政的先进思想教育农民工作的内容和形式也要有相应的变化。在方式方法上，要处理好加强与改进、继承与创新的关系。过去行之有效的好传统、好办法要坚持，同时要在手段和机制上不断创新。要努力实现由单向灌输向双向交流转变，由单纯说教向行为引导转变，由少数部门少数人做农民教育工作向全社会共同营造工作良好氛围转变。要逐步建立新型的用党执政的先进思想教育农民工作网络和信息网络，努力提高工作的科学性。

随着农村改革开放的进一步深化，农村各种利益主体的利害关系更加突出，这就要求我们必须把握分寸，加强用党执政的先进思想教育农民工作。要善于贴近农民，善于从农民最关心、与农民联系密切的问题入手，把热情服务和耐心教育结合起来，把解决农民思想认识问题同解决农民工作和生活中的实际问题结合起来。广大农村基层干部要做到：抓好教育为民，真心实意爱民，发展经济富民，强化服务便民，廉洁勤政为民，稳定社会安民。只有这样，用党执政的先进思想教育农民工作才能成为农民发自内心的需要，才能得民心、稳民心，才能使工作充满活力，收到实效，具备更强的科学性。

（二）结合农村发展，做好用党执政的先进思想教育农民工作

要做到结合农村发展做好用党执政的先进思想教育农民工作，就

必须牢牢抓住工作的重点，使这项工作成为农村改革开放和现代化建设的强大动力与保证。

1. 围绕党的中心任务开展用党执政的先进思想教育农民工作

加快农村政治文明建设，是我们党的重大政治任务。农村工作要搞上去，必须有正确的政治方向，必须有安定团结的政治环境，必须调动农村方方面面的积极性。所有这些，都离不开坚强有力的用党执政的先进思想教育农民工作。要面对农村实际，丰富工作内容，开辟工作新天地，真正做到有所创新、有所发展，切实把这项工作贯穿到农村一切工作中去。

围绕农村建设这个中心开展用党执政的先进思想教育农民工作，最重要的是统一农民思想，凝聚人心，调动亿万农民的向心力。用党执政的先进思想教育农民工作是做农民思想工作的基础工程。当前，发展农村生产力，发展农村社会主义市场经济，都是综合性很强的实践活动，离不开农民。农民是农村生产力各种要素中最重要、最活跃的因素，起着决定性的作用。农村改革与建设最深厚的根源在农民理解和实践之中。根深才能叶茂，源远才能流长。要真正搞好农村建设，首先要使农民与党同心同德，通过过硬的用党执政的先进思想教育农民工作，使农民对接受党的领导的必要性和历史进步性有一个正确的认识，以争取广大农民对党的事业、对农村全面发展的积极参与和支持，把农民的热情化为历史责任感和时代感，变成一种强大的精神动力，使农民自觉地在党的领导下投身于农村改革开放和农村现代化建设。

2. 加强用党执政的先进思想教育农民工作的说服力和战斗力

加强用党执政的先进思想教育农民工作，最根本的就是坚持和巩固马克思主义的指导地位，最基础的工作就是用马克思列宁主义、毛泽东思想、邓小平理论、“三个代表”重要思想、科学发展观和习近平新时代中国特色社会主义思想武装和教育农民。要及时总结用党执政的先进思想教育农民工作实践中创造的新经验和获得的新认识，对现实生活中农村干部群众关心的重大思想理论问题作出科学的、有说服力的、符合实际的解释和说明，充分发挥这项工作的基础性教育作用。

加强用党执政的先进思想教育农民工作，必须唱响主旋律，打好主动仗。要教育农民运用马克思主义的观点同各种错误思潮进行斗争。当前，要引导农民正确认识我国农村发展的历史进程，正确认识我国农村改革实践对农民思想的影响；要引导农民群众分清主流与支流、正确与谬误，正确认识当今的国际环境和国际政治斗争带来的影响等。如果农民把这些问题认识清楚了，用党执政的先进思想教育农民工作就有了比较切合农村实际的基础。

3. 增强用党执政的先进思想教育农民工作的凝聚力

理想信念教育是用党执政的先进思想教育农民工作的核心内容。对农民进行理想信念教育，最根本的是坚持进行用党执政的先进思想教育农民，引导广大农民群众树立正确的世界观、人生观、价值观，把自己的理想融入党的事业和全国人民的共同理想当中，把自己的工作融入为农村社会主义现代化建设的奋斗当中。要教育农民坚定对共产主义的信仰，坚定对建设中国特色社会主义的信念，坚定对改革开放和现代化建设的信心，坚定对党和政府的信任。

4. 提高用党执政的先进思想教育农民工作的感召力和渗透力

用党执政的先进思想教育农民必须讲究方式方法，力求生动活泼，为农民所喜闻乐见。这项工作应当像春风化雨那样沁人肺腑，发挥润物无声般的潜移默化作用。要达到这一目标，必须抓好五个环节。一是要注重研究农民各种思想行为的性质和影响大小，以利于更准确、全面、深入地开展工作。二是以党先进的科学理论、科学精神为主，所进行的教育要符合农民思想行为发展规律。三是要做到双向交流，以形成主客体互动性优势。四是要创新运用丰富多彩的载体进行传播的模式，以增强工作的趣味性、渗透性和感染性。五是用党执政的先进思想教育农民要做到显性和隐性相结合，教育农民的意图必须为农民所理解，要避免农民产生逆反情绪，注意增强工作的吸引力和愉悦感。

（三）适应时代变化，强化用党执政的先进思想教育农民工作

适应时代变化，认真研究新形势下用党执政的先进思想教育农民

工作的特点和规律，积极开辟新途径，探索新办法，创造新经验，对于进一步增强此项工作的针对性和实效性，保持其生机和活力，更好地为农村改革开放和社会主义现代化建设提供精神动力和思想保证，具有重要意义。

在过去很长一段时间里，农民教育工作作为党的日常性工作起着一种消极防御作用，但没有提到发挥其主动性的高度来认识。因此，发挥用党执政的先进思想教育农民工作的主动性是相当重要的。

要发挥其主动性必须做好以下工作。

1. 新老教育方法必须相结合

举办各种学习班和培训班，定期向农民特别是农村基层干部进行思想教育，是农村工作常用的老办法。组织生动的、新鲜的政治报告会，利用生动的电化手段及教材，扩大用党执政的先进思想教育农民工作的领域，是目前农村常用的一种较为新鲜的教育方法。有条件的农村应该建立综合性的教育场所，在农民集中的地方建立宣传教育专栏、橱窗或进行讲课、演讲、演唱等宣传教育活动。

2. 新老教育手段必须相结合

广大农村在有条件情况下，要充分利用报纸、有线广播、专栏、标语、黑板报等传统宣传教育工具进行用党执政的先进思想教育农民工作。另外，针对目前我国农村发展现状，积极利用电视、网络等现代宣传教育工具造成积极的舆论氛围，对农民进行正面的、立体的宣传教育和引导。

3. 要把解决农村新老矛盾相结合

要正确地认识我国农村现阶段主要矛盾。目前，我国农村的落后归根结底集中表现为农民素质的落后。我国农村的奋斗目标是建设具有全面小康水平的社会主义新农村。要实现这个目标，就绝不能忽视农民全面素质的建设。

要正确理解农民“物质需要”与农民“思想文化需要”的关系。马克思曾从内容上把人的需要概括为自然需要、精神需要和社会需要，并从层次上划分为生存需要、享受需要和发展需要。在马克思看来，不富很难幸福，富了也未必就幸福。人的全面发展才是综合标准。因此，在我国农村现代化的进程中，要防止农村出现经济繁荣、精神失落的现象。在坚持以农村全面建设为中心的时候，必须确立以人为本的思想，重视用党执政的先进思想教育农民工作。

4. 重视用党执政的先进思想教育农民工作的队伍建设

加强队伍建设非常重要。建设一支政治强、业务精、作风正的宣传思想工作队伍，是做好宣传思想工作的组织保证。各级党委要从政治上、思想上、工作上、生活上关心这支队伍，建设好这支队伍。加强队伍建设，关键是抓好领导班子建设。应当按照干部队伍“四化”方针和德才兼备的原则，把坚持党的基本路线、具有马克思主义基本理论素养、有高度政治责任感和事业心的干部，配备到宣传思想战线的重要领导岗位上来。

从事用党执政的先进思想教育农民工作的同志，大多生活和工作在农村，经常和农民接触，为农民所瞩目。所以，必须事事率先垂范，凡是需要农民做的，首先从自己做起。广大农村干部一定要充分认识到，他们在农民心目中的形象如何，既影响到开展用党执政的先进思想教育农民工作的社会环境，也影响着工作的生机与活力，更影响到工作的成效乃至党的声望和形象。

要注意抓好用党执政的先进思想教育农民工作的阵地建设，构建工作的阵地网络，较好地解决党与农民关系的“断层”现象。

抓好党员和农村基层干部队伍建设，是用党执政的先进思想教育农民工作的关键。农村基层干部队伍是农村的中坚力量。只有首先抓好农村基层干部的教育，用他们的先锋模范作用去影响带动农民群众，才能进一步巩固和提高用党执政的先进思想教育农民工作的效果。农村党员、农村基层干部又是农村工作的骨干，他们的一言一行都是无声的宣传。所以，一定要靠农村基层干部的带头作用团结和影响农民群众，把党执政的先进思想渗透到农民群众的日常生活之中。

（四）突出时代特色，加强党执政的先进思想教育

新时期用党执政的先进思想教育农民工作要突出时代特色，注重农民思想实际，注重农村工作实际，增强实效性。

1. 注重宣传网络建设，强化舆论的引导作用

要充分利用广播电视、报刊等新闻载体，做好用党执政的先进思想教育农民工作。党和国家要努力营造一个关注农村、关心农业、关爱农民的氛围，使全国人民形成情系“三农”的共识，也应该注意让农民群众在这种引导中长见识、学知识。

在用党执政的先进思想教育农民工作中，要充分发挥农村基层组织的作用，抓好正确的教育引导工作。农村基层干部在工作过程中，必须注意在思想上尊重农民、感情上贴近农民、工作上依靠农民、生活上关心农民、言行上取信农民，特别是要重视解释和解决农村的热点、疑点和难点问题，让农民群众感受到党的温暖和温情。

只有这样，用党执政的先进思想教育农民工作才会有实效。

2. 加强工作机制建设，强化教育的责任目标

目前，农村相当一些矛盾和问题，是由于农村教育工作机制失灵造成的。用党执政的先进思想教育农民工作是一项复杂的系统工程，要建立一套行之有效的工作机制，努力形成全党动员、全民参与、大家都来做的大格局。要建立自上而下地用党执政的先进思想教育农民工作的领导机制，形成层层有工作目标、级级有工作任务、人人有工作责任的良性运行机制。

用党执政的先进思想教育农民工作，重在建设，重在农村基层，重在夯实基础。要把这项工作同农村其他工作相结合，既要解决农民思想问题，又要解决农民与党的感情问题；既要教育农民，更要教育农村基层干部；还要建立上下结合的督导机制，使其紧扣党的工作中心，深入民心，永葆生机与活力。

3. 发挥基层组织作用，做好教育农民工作

要把用党执政的先进思想教育农民工作作为加强和改进党对农村工作领导的重要环节来抓，要根据农村的实际、农民的特点确定工作的具体内容，使农民的思想觉悟、素质水平得到提高。

做好用党执政的先进思想教育农民工作，要坚持以思想教育为主、自我教育为主的方针。坚持思想教育为主，就是不断提高农民的思想觉悟，帮助他们深化对党的感情，更新思想观念。坚持自我教育

为主，就是发挥农村基层干部在工作中的主体作用，采取启发引导的方式，让农民自我学习、自我总结、自我提高。

第二节　用党执政的先进思想指导农民观念的转变

一、加强用党执政的先进思想教育农民的科学性

现代社会，舆论对人们思想和行为的影响越来越大。做好统一思想的工作，必须高度重视并充分发挥舆论引导的作用。我们的新闻媒体是党和人民的喉舌，一定要坚持新闻工作的党性原则，坚持团结稳定鼓劲、正面宣传为主的方针，牢牢把握正确的舆论导向，努力营造昂扬向上、团结奋进、开拓创新的良好氛围。

（一）农村长远利益要求加强用党执政的先进思想教育农民工作

用党执政的先进思想教育农民工作能不能做好，广大农村干部群众的积极性能不能充分调动起来，关系到建设中国特色社会主义新农村的伟大事业能不能在我国广大农村拥有最广泛最坚实的群众基础，关系到党能不能将农民群体凝聚成无坚不摧的力量，关系到能否推动农村改革开放和社会主义现代化建设事业。为此，要用马克思主义和社会主义思想去指导理论、宣传、教育、新闻、出版、文学艺术等部门的工作，去占领思想文化阵地和舆论阵地，丰富群众的精神生活。要积极引导广大群众自觉地抵制各种错误思潮和腐朽思想的影响，培养科学的健康的文明的生活方式，使他们真正成为奋发进取的社会主义劳动者和建设者。

1. 世界发展形势要求加强用党执政的先进思想教育农民工作

当今世界的竞争是综合国力的竞争。所谓综合国力，不仅包括经济、军事、人口和国土等物质“硬件”，而且包括国家的战略意志、国民精神、民族文化力、对政府的支持力以及社会凝聚力等精神“软件”。因此，用党执政的先进思想教育农民，使广大农民形成对党、对社会主义事业的认同力，是我们的国家兴衰成败的重要因素。在全球政治多极化和经济全球化进程加速的情势下，我们必须重视用党执

政的先进思想教育农民的工作。

2. 国内发展形势要求加强用党执政的先进思想教育农民工作

目前，我国农村现在正处于深刻的经济体制转轨时期，农民的精神世界发生着重大的变化。由于广大农民功利意识、效益意识、自主意识、竞争意识的增强，给农村带来蓬勃向上的活力；同时，也产生了一些负面效应。这种负面效应主要表现为一些农民在心灵上淡化了三种意识，即共识意识、秩序意识和目标意识。由于缺乏共识意识，农民就会产生误会和冲突，引起彼此的疏离；因为缺少秩序意识，农村社会就会显得某种程度的无规范；加上缺乏目标意识，没有明确的目标和方向，就会由困惑而迷惘。这就在农村造成某种程度的物欲化、冷漠化、躁动化和虚假化，以及权钱交易等腐败现象。只有加强用党执政的先进思想教育农民工作，才能保证我国农村经济体制转轨的健康实现。

3. 新时期新阶段要求加强用党执政的先进思想教育农民工作

现在我国农村改革已进入新的阶段，面临着农村长期积累的深层矛盾和问题，面临农村经济发展阶段性变化所出现的各种困难，以及加入世界贸易组织以后所面临的机遇和挑战。农村建设的任务更是艰巨，农村生活中的各种矛盾和摩擦也会比较集中地显现出来，农民的心态也会出现某种程度的偏颇和失衡。因此，农村的发展，对用党执政的先进思想教育农民工作提出了新的要求。要保持农村社会的稳定和发展就需要稳定民心，就需要用党执政的先进思想教育农民，统一思想，凝聚民心，鼓舞士气，坚定农民对党和政府的信任。

（二）用党执政的先进思想教育农民要坚持教育引导的原则

在农村改革开放和发展社会主义市场经济的新形势下，用党执政的先进思想教育农民工作，必须重在教育引导。对农民的思想认识问题，要多做教育引导工作，从而提高农民认识、统一农民思想达到凝聚民心的目的。多做教育引导工作是增强工作针对性和实效性的必然要求。

农村实践表明，解决农民思想领域的问题，基本的途径不外乎两种。一种是压和堵，对不同的思想、观点进行压制，堵塞不同意见，不许讲不合自己胃口的话；另一种是教育引导，允许农民畅所欲言，有牢骚发出来，有意见提出来，然后进行教育、引导，理顺农民的情绪，解开农民思想上的疙瘩，并在此基础上把农民的思想引导到正确的方面来。两种方法作用不同，从一时情况看，似乎压和堵更快捷、更有效，我们的一些农村基层干部比较习惯于使用这种方法；但是从长远看，真正管用的是教育和引导，这是我们应该提倡的。

解决农民思想认识问题重在教育和引导，是由农民思想转化规律决定的。辩证唯物主义认为，社会存在决定社会意识。一个农民在一定时期所以形成某种思想观点，是由特定的物质生活条件决定的。思想观点一旦形成，就具有相对的独立性。要使其根本转变，一般需要改变其赖以形成的那些条件。如果在较短时间内不可能根本改变原有的物质生活条件，那就必须通过思想斗争达到改造思想的目的。因此，教育和引导，是农民思想转化的必要前提和有效手段。而回避思想交锋，只是采取压和堵的办法，不但不可能真正解决农民的思想认识问题，而且会导致积怨乃至对立。

今天，我国农村情况发生了复杂而深刻的变化，农民思想教育工作面临大量新情况、新问题。这就要求我们必须根据新的形势改进用党执政的先进思想教育农民工作，做好农民的思想工作。但是，不论怎样改进和探索，重在疏导的方针不能变。而且只有坚持这一方针，改进和探索才能真正取得成效。

在用党执政的先进思想教育农民工作中坚持重在疏导的方针。首先，要求广大农村基层干部发扬民主作风，尊重农民的权利，不得压制不同意见，哪怕意见是错误的，也要让农民把话讲完。必须认识到，是否让农民讲话，不仅是群众路线问题，也是是否遵循用党执政的先进思想教育农民工作规律的重要标准。其次，要善于对农村和农民问题进行实事求是的分析。对农民中存在的思想认识问题，必须准确地判断其性质。只有对农民的思想问题有了准确的判断，用党执政的先进思想教育农民工作才会有的放矢。

党执政的先进思想教育农民工作，必须敢于和善于开展积极的思想斗争。要敢于坚持好的，批评错误的。对错误的、有害的东西必须旗帜鲜明地指出来，并及时给予恰当的批评教育，切实起到扶正祛邪的作用。广大农村基层干部必须注意密切与农民的感情。

因为，在用党执政的先进思想教育农民的工作过程中，思想沟通常常需要以感情沟通作为前提条件。如果广大农村基层干部与农民之间缺乏交流，情感淡漠，或者其身不正，言行不一，就会使他们与农民之间产生一道无形的鸿沟，尽管讲得在理，农民也会听不进去。反之，如果领导者以身作则，以情换情，切实做到尊重农民、理解农民、关心农民，教育引导就能顺理成章，为农民信服，进而发挥效力。

（三）用党执政的先进思想教育农民工作要坚持寓教于管的原则

立足于教育引导，辅之以管理，寓教于管，是在新的历史条件下加强和改进农民思想教育工作的一条重要原则。教育和管理犹如农民思想教育工作的两手，缺一不可。教育的内容和形式多种多样，但目的只有一个，就是通过必要的灌输、恰当的引导、有益的熏陶等途径，对农民的思想施加影响，从而把农民由个体的自然人转变为遵守社会规范、能够为农村进步和发展作贡献的社会人。管理的目的也很明确，就是通过各种法律法规及规章制度来约束农民的行为，使农民按照公共的要求和一般规范参与社会生活，正确处理农民与农民、农民与农村的关系，为农村进步和发展作贡献。显然，二者的目的是一致的。教育引导是通过内在的思想来管理农民，管理是通过外在的约束来教育农民。教育之中有管理，管理之中有教育。教育落实到管理中，管理上升为教育，才能相得益彰，互补互促，达到教育农民、引导农民、提升农民素质的目的。

农民高尚思想政治素质的培养，农村良好社会风尚的形成，既要靠耐心细致的用党执政的先进思想教育农民工作，又要靠科学规范的农村管理。一方面，农村管理一定要以正确地用党执政的先进思想教育农民工作为基础。没有用党执政的先进思想教育农民工作，没有循循善诱的分析，没有动之以情的说理，农村管理就难以被农民接受，甚至让农民产生反感、抵触情绪，当然也就很难发挥作用。另一方面，用党执政的先进思想教育农民工作也要通过管理来实现。思想是行动的先导，行动要靠管理来规范。如果用党执政的先进思想教育农民工作不落实到农村管理上，不能使农民自觉遵守宪法、法律和各种规章制度，并在接受管理的过程中受到思想上的教育和熏陶，就失去了意义。寓教于管，就是既要把用党执政的先进思想教育农民工作的内容和要求渗透到农村管理之中，赋予这项工作以更多的硬性约束；同时，在农村管理中体现教育的精神，提高农村管理的人文素质，赋予农村管理以更强的教育引导功能。只有如此，教育和管理才更有力量，更有号召力和说服力，更能长久地坚持下去。

随着我国农村改革开放和发展社会主义市场经济的历史性变革不断深入，农民的社会生活和精神面貌必然发生深刻变化，农村工作中管理和教育的内容与形式也必然发生巨大变化。所以，二者紧密结合的要求会更高，难度会更大。脱离管理的教育和脱离教育的管理都无法适应这种巨大变化和崭新形势。农村基层干部要善于把用党执政的先进思想教育农民工作的原则融于科学有效的农村管理中，赋予农村管理以深厚的人文内涵。应把用党执政的先进思想教育农民工作的内容和要求，体现在农村管理、农业管理的各项制度中，体现在行业规范、乡规民约、文明公约、行为守则中，使农民在日常的生活和工作中潜移默化地接受教育。

（四）实践党执政的先进思想，加强和改进农民思想教育工作

认真实践党执政的先进思想，加强用党执政的先进思想教育农民工作，对于维护农村的改革、发展、稳定的大局，对于把农村建设成为农民安居乐业的新型区域，具有重大的现实意义。

1. 适应农村实际，加强用党执政的先进思想教育农民工作

用党执政的先进思想教育农民工作，伴随着农村改革和建设的步伐，越来越呈现出鲜明的时代特色。农村改革开放和社会主义市场经济的不断发展，既给用党执政的先进思想教育农民工作带来了新的发展机遇，也带来了新的严峻挑战。

农村改革开放和发展农村市场经济的巨大成就和生动实践，成为用党执政的先进思想教育农民工作最有说服力的现实教材和大学校。农村多种经济成分的共同发展和各种利益群体的出现，反映到意识形态领域，就是多种思想观念相互碰撞。面对这些新的问题，如何充实

和丰富用党执政的先进思想教育农民工作的内容，探索新途径、新办法，增强农民抵御各种错误思潮侵蚀的能力等，都需要认真研究，加以解决。

在农村扩大对外开放的条件下，随着农村经济、科技、思想文化等各个领域对外交流与合作的不断深入，用党执政的先进思想教育农民工作处于一个更加开放的环境中，处于一个各种思想文化相互激荡的过程中。在这种情况下，如何坚定不移地扩大对外开放，大胆吸收和借鉴国外一切优秀文化成果，同时又积极有效地抵御“西化”“分化”图谋和腐朽思想文化的侵蚀，是用党执政的先进思想教育农民工作的重要任务。

现代高新技术的迅猛发展，给用党执政的先进思想教育农民工作提出了一个亟待开拓的新领域。当前，科技的发展突飞猛进，对农民生活的影响和作用越来越大，也为用党执政的先进思想教育农民工作提供了先进的手段和广阔的舞台。尤其是互联网具有时效快、范围广、容量大、成本低、传播者与受众可以双向交流、知识和信息可以自由流动的特点。互联网上鱼龙混杂的大量信息，给正确舆论导向造成了相当大的冲击，也给用党执政的先进思想教育农民工作增加了难度。这要求必须以一种积极的心态去研究解决。

2. 与时俱进开拓创新，积极探索工作的新途径和新方法

党的十一届三中全会以来，农村三个文明建设取得了很大进步，经济发展，社会安定，政治文明，农民素质得到了显著的提高。但应该承认，近几年来用党执政的先进思想教育农民工作的许多方面还不适应变化了的新形势。当前用党执政的先进思想教育农民工作存在的主要问题。一是对农民的教育抓得不紧，导致部分农民辨别是非能力差，对错误的思想观念、不良风气缺乏有效的抵制。二是工作方式方法不实际，仍以行政命令代替思想教育，不能很好地同解决农村与农民的实际问题相结合，工作苍白无力，缺乏实际效果。三是工作的队伍和阵地相对弱化，工作无手段，活动无场所，教育方法贫乏，为封建迷信、伪科学甚至反动思想的传播蔓延提供了可乘之机。上述三种现象反映了对用党执政的先进思想教育农民工作的规律认识不足和对

其方法创新不够。为此，必须进行积极探索，才能改进工作，为农村长期稳定持续发展提供不竭动力。

要注重用党执政的先进思想教育农民工作的覆盖面，构建条块结合的管理体系，增强组织的严密性；分类分层形成因地制宜的运作模式，增强体系的适应性；不拘一格探索切实可行的方法路子，增强实效性，为形成全覆盖的工作格局奠定基础。

要勇于创新，注重工作形式的多样化。新形势下的用党执政的先进思想教育农民工作要增强时代感，增强针对性、实效性和主动性。要在继承传统方法的同时，更注重创新。要根据不同情况，采取不同方式、方法和手段，提高其感染力和渗透力。要适应农民的求知需求，引导广大农民爱党、爱祖国，通过宣传党的方针政策增强教育的说服力和感染力。

（五）把用党执政的先进思想教育农民工作落到实处

1. 把用党执政的先进思想教育农民工作摆到应有的位置

在农村实际工作中，农村一些同志对用党执政的先进思想教育农民工作往往摆不上应有的位置，这主要是存在着错误与片面的思想认识。有的人甚至片面地认为政治是“空的”、经济是“实的”，经济可以代替政治，只要把经济搞上去，什么问题都解决了。现在进行农村现代化建设，以农村建设为中心，用党执政的先进思想教育农民工作虽然不是万能的，但不用党执政的先进思想教育农民工作是万万不能的。用党执政的先进思想教育农民的地位和作用是一种客观存在，应该摆在重要位置。

面对当前的新形势、新任务，应当正确地看待用党执政的先进思想教育农民工作的重要作用，赋予其正确的内涵并给予其恰当的定位。只有抓住了这条生命线，才能真正掌握农村工作的主动权，积极主动地去占领农村阵地。用党执政的先进思想教育农民工作，任何时候都要坚持攻势战略，不能搞“消极防御”。要主动去占领农村舆论阵地和网络阵地，切实把这项工作当作生命线。

2. 建立一支用党执政的先进思想教育农民的工作队伍

农村基层干部在农民中树立什么样的形象，具有很强的导向作用。行动是无声的命令，榜样是无穷的力量。农村干部带头做模范，对农民是一种最实际、最有力的动员和教育，也是掌握用党执政的先进思想教育农民工作主动权最有效的方法。农民看干部，首先看的是他有没有高度的事业心和责任感，是不是言行一致，起模范带头作用。农村基层干部要掌握用党执政的先进思想教育农民工作的主动权，关键是心口如一，言行一致，靠身体力行去感召农民，带动农民。农村基层干部做农民的思想教育工作，要求既要讲得对，更要做得好。自己首先要毫不动摇，这样，说话办事才有感召力、引导力和说服力。

农村党的基层干部，应有共产党人的浩然正气，保持共产党人的政治本色。要常思贪欲之害，长弃非分之想，常修为官之德，真正成为党的路线方针政策的坚定执行者和党纪国法的模范遵守者。要做好用党执政的先进思想教育农民工作，农村基层干部既要有坚定的政治信仰，又要有高尚的人格魅力；既要有胜任实际工作的能力，又要掌握这项工作的基本知识和规律。只有这样，才具有教育农民的资格，讲的道理才能令农民信服。

二、做好用党执政的先进思想教育农民工作

（一）结合农村实际，用党执政的先进思想教育农民

新形势下用党执政的先进思想教育农民工作不能搞简单的灌输和空洞的说教，只有与农民的所思所盼相结合，与农民的思想脉搏同频共振，工作才能由虚化实，做到农民的心坎上，收到实实在在的效果。当前农民最关心、最关注的问题，是求富、求安、求公道。

为此，当前用党执政的先进思想教育农民工作必须做到以下几点。

（1）结合农村小康建设，加强用党执政的先进思想教育农民工作。农村全面小康建设，是我们党根据农村实际提出的农村发展中长期目标。选准选好这个共同基点，坚持用党执政的先进思想教育农民，就能使农民与共产党同心同德。

（2）结合为农民办实事，加强用党执政的先进思想教育农民工

作。要做好用党执政的先进思想教育农民工作，就必须深入农村，深入基层，为农民群众解难题，出主意，办实事，真正把工作寓于为农民的服务之中，体现到一件件具体的实事上。结合为农民办实事加强这项工作，就能强化广大农民的爱党之心。

（3）结合党的基层组织建设，加强用党执政的先进思想教育农民工作。农村基层党组织是党在农村全部工作的基础，也是做好用党执政的先进思想教育农民工作的重要力量。正因为农村广大干部直接面对农民群众，是教育农民工作的先锋，所以，他们的素质高低决定着这项工作的成效。为此，必须有一支素质较高的农村基层干部队伍。

（4）结合农村民主与法治建设，加强用党执政的先进思想教育农民工作。扩大农村基层民主，实行村民自治，是党领导亿万农民建设中国特色农村政治文明的伟大创造。为了更好地调动广大农民的积极性和主动性，促进农村各项改革和建设事业的全面发展，必须结合农村民主与法治建设加强这项工作。

（5）结合保持农村稳定，做好用党执政的先进思想教育农民工作。由于一些农村封建迷信有所抬头，非法宗教、伪科学等不同程度地蔓延，扰乱了部分农民的思想，影响了农村的安定。认真解决这些问题，是当前用党执政的先进思想教育农民工作的重要任务。因此，要用党执政的先进思想，牢牢占领农村思想文化阵地，丰富农民精神文化生活。要结合保持农村稳定做好这项工作，弘扬正气，使农民安居乐业。

（二）结合发展农村生产力，用党执政的先进思想教育农民

农民的思想教育工作和农村经济建设一起抓，这是党一贯的方针。它反映了农村经济基础和上层建筑之间的辩证统一关系，体现了农村物质文明和农村精神文明协调发展与农村全面进步的根本要求。在新的历史条件下，强调用党执政的先进思想教育农民工作和农村经济建设一起抓，对于坚持党的领导、深化农村改革、促进农村发展、保持农村稳定，具有非常重要的现实意义。

发展农村经济，离不开用党执政的先进思想教育农民工作和农村精神文明建设的保障和促进作用。越是深化农村改革、扩大农村开

放，越是发展农村社会主义市场经济，越要重视和加强这两方面的工作。

广大农村基层干部必须搞清楚用党执政的先进思想教育农民工作的本质以及这项工作与发展农村生产力的关系。用党执政的先进思想教育农民工作，从本质上讲，是运用科学理论和高尚思想教育农民，进而提高农民素质的工作。也就是说，用党执政的先进思想教育农民工作同发展农村生产力有着极为密切的关系。虽然这项工作不直接创造物质财富，但可以通过提高农民的素质间接地创造物质财富。由此看来，用党执政的先进思想教育农民工作是把握农村发展方向、推动农村生产力发展的精神动力，是农村三个文明建设不可缺少的重要环节。

（三）结合农民的切身利益，用党执政的先进思想教育农民

历史唯物主义告诉我们，社会存在决定社会意识，社会意识是对社会存在的反映。农民的思想问题是从农村实际问题中引发，并因农村实际问题的存在而存在的。农民的思想问题大多与农民的切身物质利益密切相关，而物质利益矛盾又往往是诱发农民思想问题的根源。因此，要解决农民的思想问题，必须同农民的切身利益结合起来，把用党执政的先进思想教育农民工作与解决农民实际问题统一起来。如果不从利益动因上去分析农民的思想问题，努力实现和维护农民的切身利益，不去关心和帮助解决农民的实际问题，尽可能满足农民对物质利益的合理要求，那么，此项工作就难以达到凝聚民心、调动农民积极性、激发农民创造性的目的。

应该认识到，解决农民思想问题要与解决农民实际问题相结合，并不意味着对农民实际问题的解决就可以取代用党执政的先进思想教育农民工作。农村社会存在决定农村社会意识，但农村社会意识具有反作用和相对独立性。在用党执政的先进思想教育农民工作中注重对农民实际问题的解决，强化利益调整的力度，对于激发农民创造性，调动农民积极性，无疑有其不可替代的作用。但是，解决了农民实际问题并不等于农民的思想问题就自然而然解决了。解决农民的思想问题，思想引导、教育说服仍是不可缺少的。这是因为，首先，农民的

有些思想问题完全属于个人的认识问题，这时只有借助思想教育，把问题说清，把道理讲透，才能帮助农民提高对问题的认识，并转化为一种觉悟。其次，在解决由物质利益驱动而引发的实际问题的过程中，也必须辅以必要的教育引导，让农民真正感受到党的关怀，从而深化农民对党和国家有关方针政策的理解与认识，提高执行党和国家有关方针政策的自觉性。

由于党的利益和农民的利益是一致的，因此，用党执政的先进思想教育农民工作应通过解决农民实际问题来实现，即借助解决农民实际问题这一环节，来升华农民思想，提高农民觉悟；在解决农民实际问题的过程中，要强化用党执政的先进思想教育农民的功能，充分体现解决思想问题的人文内涵和精神支柱的作用。这样，二者相辅相成，相得益彰，就能极大增强工作的针对性和实际效果，更好地发挥中国共产党的这一工作优势。

（四）用党执政的先进思想教育农民，实现农村建设宏伟目标

我国农村发展正处于关键时期。能否抓住机遇，加快发展，实现农村现代化建设的宏伟目标，关系到中华民族伟大复兴，关系到亿万农民的富裕幸福，关系到 21 世纪中国在世界格局中的战略地位。从这个意义上来讲，用党执政的先进思想教育农民工作是农村一切工作的重中之重。

实现农村现代化建设的宏伟目标，要靠亿万农民的共同努力。几亿农民，分解开来，可能只是一盘散沙，但凝聚起来，就能无坚不摧。把农民凝聚起来，必须靠共同的利益和共同的理想，靠用党执政的先进思想教育农民工作。通过加强用党执政的先进思想教育农民工作，向农民阐明共同的利益关系，展示为之奋斗的美好理想，就能使亿万农民有一个共同的思想基础、共同的理想信念和共同的奋斗目标，从而更加积极主动地发挥自己的创造精神。

在中国特色社会主义新时代，要更加注重农民的主体地位，这是我国国情所决定的。无论是实施科教兴农战略，还是农村的可持续发展；无论是发展农村市场经济，还是提高农业的竞争力，关键都要靠提高农民的素质，发挥农民的创造精神。因此，如何做农民的工作也

就更加重要。用党执政的先进思想教育农民工作是我党执政的优势。我国农民有共同的利益作为基础，有党的正确领导作为保证，再加上切实有效的用党执政的先进思想教育农民工作，我们的农村就会更加繁荣。

为了处理好各种各样的农民内部矛盾，农村需要有一种好的社会稳定机制。除制度上的保证外，很重要的一个方面，就是要做好用党执政的先进思想教育农民工作。成功的工作，能够统一农民的思想，调节农民之间的关系，化解不断出现的各种矛盾，使整个农村社会在充满活力的同时也始终处于稳定有序的状态。只有这样，农村跨世纪的发展战略才能有效地实施，跨世纪的宏伟目标才能一步步实现。

总之，加强和改进用党执政的先进思想教育农民工作，是全党一项重大而紧迫的任务，必须高度重视，切实抓紧抓好。

第三节　用党执政的先进思想创新农民教育工作

一、充分发挥用党执政的先进思想教育农民的政治优势

如何把发挥党的农村思想政治工作优势与运用农村市场机制有效结合起来，做好用党执政的先进思想教育农民工作，是摆在我们面前的重要问题。

（一）用党执政的先进思想教育农民工作的政治优势的意义

党的政治优势与市场机制的结合，不仅是新时期用党执政的先进思想教育农民工作重要的方法论，而且是建设中国特色社会主义新农村实践中一个带有全局性、战略性的基本理论问题。

党的政治优势作为农村全面建设的一种内蕴的功能，必须适应新的历史条件，适应农村市场经济体制的要求，走“结合”的路子，这种优势才能充分地发挥出来。

目前在我国农村，发挥党的政治优势同运用市场机制结合的问题，还未得到应有的重视，实践中出现的问题更是亟待解决。在发挥用党执政的先进思想教育农民的政治优势方面，不少地区还存在着弱

化倾向。一些农村基层党组织处在软弱涣散甚至瘫痪的状态，少数党员先进性减退甚至丧失，部分干部形象欠佳甚至腐化堕落，在某种程度上抵消了党的政治优势。由于我国农村的市场经济体制还处在稚嫩状态，机制还不完善，所以运用市场机制的基础还比较脆弱。这种现状说明了用党执政的先进思想教育农民工作的艰巨性、必要性和紧迫性，必须知难而进。

（二）认识用党执政的先进思想教育农民工作的政治优势

中国共产党作为执政党，在农村的政治生活和农村治理中发挥着决定性作用。在长期的农村建设实践中，逐渐形成了加强党的建设和积极开展农民思想教育工作的优良传统和政治优势。这种政治优势表现在宏观、中观和微观三个层面：在宏观上，坚持用党执政的先进思想教育农民，坚持以正确的理想信念为价值导向，以科学的理论武装农民；中观上，中国共产党坚持发挥农村各级党组织的政治领导、政治核心作用，发挥思想上、组织上、作风上的导向功能、协调功能、凝聚功能和维护社会稳定的功能，为农村全面建设、农村的改革开放提供思想动力和政治保证；微观上，坚持用党执政的先进思想教育农民工作的先进性、纯洁性，发挥其凝聚和激励作用，充分调动农民的积极性。

当前，在我国农村，发挥党的政治优势总体上正面临着十分有利的形势。农村改革开放以来，中国共产党已经积累了在新形势下做好用党执政的先进思想教育农民工作的宝贵经验和有效做法，为进一步拓展工作打下了坚实的基础。我国农村现代化建设的快速发展和科技水平的不断提高，为做好这项工作创造了必要的物质和技术条件。农村的健康发展态势表明，用党执政的先进思想教育农民工作在新的历史条件下，不仅能发挥传统的政治优势，而且能够不断地增创新的政治优势。

用党执政的先进思想教育农民工作，应定位于引发农民的向心力和调动农民的积极性。首先应该肯定，这项工作确实能够极大地激发农民对党的拥护，调动起农民参与农村改革和建设的主观能动性。这种作用在党的农村干部和党员的身上体现得更为明显。

长期实践证明，用党执政的先进思想教育农民不仅能激发起农民对党的热情，而且这种激励作用确实是巨大的。只要把用党执政的先进思想教育农民的政治优势与运用市场机制结合起来，两手并用，持之以恒，就能使农民的积极性得到稳定、持久地发挥，最终实现中国共产党“立党为公、执政为民”的总体构想。

发挥用党执政的先进思想教育农民的政治优势与运用农村市场机制的结合，是一种创新。这种创新，是从农村社会进步的整体意义上说的。发挥用党执政的先进思想教育农民的政治优势，对农村社会的进步和稳定有着决定性的作用；运用农村市场经济机制，对用党执政的先进思想教育农民工作有着直接的推动作用。

（三）用党执政的先进思想教育农民必须同农村全面建设相结合

用党执政的先进思想教育农民必须同农村全面建设相结合。实现这种结合，没有现成的模式和经验可以遵循，只能在农村实践基础上不断积极探索。

用党执政的先进思想教育农民工作同农村全面建设相结合，首先要实现思维方式的突破。农村多年的计划经济体制养成了农民一种凝固的思维方式，总是把用党执政的先进思想教育农民工作同农村全面建设分离或对立起来，看不到也找不到二者的结合点。

确定用党执政的先进思想教育农民工作同农村全面建设的结合点，必须以农村全面建设的框架作为坐标系，在它之上寻找发挥用党执政的先进思想教育农民政治优势的结合点。用党执政的先进思想教育农民的政治优势不是抽象的，它必须在农村全面建设实践中才能发挥出来，才能转化为农民的素质，转化为积极性和创造性。发挥用党执政的先进思想教育农民的政治优势，既要立足于导向、规范、调控作用，提高工作自身的适应性和导控能力；又要增强政治敏锐性和辨别力，着力于制约、控制、避免和减少负面效应。

做好用党执政的先进思想教育农民工作和农村全面建设的结合必须高度重视农村先进的思想文化的调节功能。农村先进的思想文化内在的管理属性，既有利于规范农村全面建设，使其健康正常发展；又能成为用党执政的先进思想教育农民工作的有力手段和有效载体。充分利用农村先进的思想文化的中介性，就是用党执政的先进思想教育农民工作与农村全面建设的结合点。只有发挥农村先进思想文化的作用，才能够形成用党执政的先进思想教育农民工作行之有效的长效机制。

要在用党执政的先进思想教育农民工作同农村全面建设相结合的过程中，探索有效的工作途径和方法。广大农村基层干部，要牢固树立二者结合的意识，在开展用党执政的先进思想教育农民工作的过程中，既要重在教育、导向；又要注重提高工作的针对性和实效性；更要关心农民、体察民意、凝聚民心，以充分说理、积极疏导为前提，做好这项工作。

（四）加大用党执政的先进思想教育农民的理论研究力度

我国农民思想教育工作所处的国际、国内环境正在发生着巨大的变化。只有努力创新和改进，用党执政的先进思想教育农民工作才能适应变化了的环境。因此，加强对影响党执政的先进思想教育农民工作的重大理论问题和实际问题的研究，就要加强对农民思想动态的调查研究，把握当前农民群众心态特点和思想变化规律，努力掌握工作的主动权，以理论研究的丰硕成果指导实践，推动这项工作迈上新台阶。

在农村社会转型时期，如何加强用党执政的先进思想教育农民工作是个难点。随着农村经济体制改革等因素的影响，用党执政的先进思想教育农民工作可能因暂时失去体制依托而造成原有阵地、活动空间和影响的相对缩小，甚至会出现某些暂时的“真空地带”，使其政治优势在局部上变成弱势，这是必须引起高度注意的。在农村市场经济条件下，如何在新的农村组织中发挥用党执政的先进思想教育农民的政治优势，由于认识上的亟待提高以及新的思路、方法亟待完善，必然有一个艰苦的整合过程。

如何在当前形势下，做好用党执政的先进思想教育农民工作，还是一个新的课题。研究能力和水平的高低会对其效果产生影响。如何通过用党执政的先进思想教育农民工作为推进农村社会主义现代化建设事业服务，需要在实践中认真地不断地摸索。在这方面，我们的认识和经验还十分不足，研究和运用的能力与水平还远远不能适应农村发展形势的需要。这种现实状态，必然对做好用党执政的先进思想教育农民工作产生影响。因此，加强对用党执政的先进思想教育农民工作理论与实践的研究，是一项迫在眉睫的工作，同时也是一项长期的任务。

二、全面创新用党执政的先进思想教育农民的工作方法

用党执政的先进思想教育农民，就必须按照“增强时代感，加强针对性、实效性和主动性”的要求，创造更多生动活泼、农民喜闻乐见的载体途径、方式方法。

（一）用党执政的先进思想教育农民，方法必须不断创新

从农村的实践来看，用党执政的先进思想教育农民工作方法的创新，必须实现以下几个转变。

（1）由经验型教育方法向科学型教育方法转变。所谓经验型教育方法，指受感性经验支配的农民教育方法；而科学型教育方法则是指受科学理论指导、符合农民思想活动发展规律的思想教育方法。随着农村的进步，农民生活方式的改变，农民的思维方式也必然发生深刻变化，逐步由静态的、狭隘的、封闭的思维方式向动态的、系统的、开放的思维方式转变。这会使农民的眼界更宽，思维更加活跃，思想情况也更加复杂。面对这种变化了的新形势、新情况，经验型的农民思想教育方法必须向科学型的农民思想教育方法转化。用党执政的先进思想教育农民工作必须适应这种转化，进一步加大教育力度，拓展教育的广度和深度。

（2）由单向灌输型方法向交流型方法转变。所谓单向灌输型方法，指农村基层干部只注意向农民单向灌输，而不关注农民的信息反馈；而交流型方法，是指农村基层干部和农民地位平等，工作过程中信息是双向流动的，基层干部十分重视农民的信息反馈。用党执政的先进思想教育农民工作过程中，灌输的方法在一定时期内仍具有重要的意义。但是，随着农村市场经济的不断发展，农民的自主意识不断增强，为了适应新形势下农民的思想心理特征，用党执政的先进思想教育农民工作要正确理解和灵活运用灌输的原理，由单向灌输型方法向交流型方法转变。使用党执政的先进思想教育农民工作始终坚持“以人为本”的原则，在尊重农民、理解农民、关心农民的前提下，

晓之以理，动之以情，从而激发农民参与、接受教育的积极性。

（3）由单纯说教型教育向多种载体传播型教育转变。过去的农民思想教育工作，载体单一，已不能适应今天的要求。在现代农村社会，信息传播方式发生了根本性变化，传播速度快捷化，传播手段高科技化，传播途径多样化。因此，在新时期，用党执政的先进思想教育农民工作要系统地运用多种多样的载体来做好农民的说服、教育和引导工作，以增强工作的趣味性、渗透性和感染性。

（4）由单一型教育向综合型教育转变。所谓单一型教育，是指孤立地运用某种具体的方法对农民进行教育；而综合型教育则是指综合运用多种具体的方法对农民进行教育。随着农民活动领域的不断拓展，现代通信手段和传播媒介的迅速发展，以及农村生产、生活节奏的日益加快，影响农民思想形成、发展、变化的因素更具有多样性、复杂性。这就迫切要求用党执政的先进思想教育农民工作必须由孤立地运用某种具体方法向综合运用多种方法转变，多角度、多层面地开展工作。

（二）科学把握用党执政的先进思想教育农民工作

新形势下的用党执政的先进思想教育农民工作，要引导农民，团结农民，一定要重视教育规律和农民接受心理的研究，重视教育和自我教育的结合，通过加强分层分类指导，努力创造和形成更多形式多样、生动活泼、为农民喜闻乐见的教育工作新方法。要充分运用现代传媒和网络工具，提高用党执政的先进思想教育农民工作的影响力、渗透力。要借鉴社会学、心理学和农村文化等理论，不断创新用党执政的先进思想教育农民工作的具体方法。要注重用党执政的先进思想教育农民工作的科学化、规范化、制度化建设，使农民逐步养成良好的思想品质和正确的行为方式。

面对深化农村改革开放和发展农村市场经济的新形势，必须科学把握用党执政的先进思想教育农民工作发展态势。只有正视农村不断出现的新情况、新问题，以创新求改进，以改进求加强，才能有效发挥用党执政的先进思想教育农民工作对农村现代化建设事业的思想保证、精神动力和智力支持作用。

第六章　用全面发展观引领农民思想政治教育工作

第一节　用全面发展观看当前农民教育工作

一、对先进思想教育工作提出了全新要求

农民教育工作的对象是农民。新形势对农民思想意识、思维方式的影响是巨大的、深刻的。从农民教育工作的角度研究新形势，关键在于研究新形势对农民的影响，研究新形势下农民思想意识、思维方式形成、发展、转变的成因，研究新形势下农民在思想、文化、心理等方面的新需求和新变化。

(一) 农村全方位、多层次、宽领域的对外开放带来的影响

我国已经形成全方位、多层次、宽领域对外开放的新格局。这不仅使农村经济和社会运行方式发生了重大变化，也使农民的思维方式、行为方式、生活方式发生了深刻变化。随之而来的是，一方面农民将越来越多地直面世界，眼界更宽，思路更活，更需要从全球化的高度思考“三农”问题，解决“三农”问题；另一方面西方的思想文化和精神产品将更多地涌入我国，这对每一个农民都会带来潜移默化的影响。农村改革开放以来，我国农民的思想观念已经发生了巨大的、不可逆转的变化。因此，新形势下用先进思想教育农民工作，面对的是一批“开放的农民”。对此，农民教育工作者应该有足够的思考和准备。

面对新形势，广大农民教育工作者首先要解放思想，这样才能发挥用先进思想教育农民工作引领农村发展潮流的作用。当前农民思想意识、观念形态中面临的问题，已经超出了农村的范围，是世界形势

变化引发的新问题。如果农民教育工作者对世界形势的了解只是间接的、零碎的、表层的，就很难回答农民提出的问题。为此，农民教育工作者要系统地研究农民的开放性特征，学习借鉴各国人民在价值观念、伦理道德、文明模式上的经验成果，取长补短，兼容并蓄，为用先进思想教育农民工作服务，进而确立起重视农村责任，尊重、维护农村公理和公法的意识。广大农民教育工作者要追求公平、公正、公开的先进文明精神，努力成为合格的先进思想的传播者、先进理念的引领者、先进文化的传承者。

（二）深化农村市场取向的经济体制改革带来的影响

随着我国农村经济体制改革的深入，引发了农村经济、政治、文化等领域的重大变化。一个重要的问题是，随着农村经济体制的转换、利益格局的变动，农村市场和农民利益因素将越来越大地影响农村的价值判断，形成农村社会价值取向的多元化。在农村市场取向的基础上，农民的利益显现出来，并得到农村社会的普遍认同。同时，随着农村市场竞争的激烈，地区之间、村与村之间和农民之间的差异、分化现象也会有所加剧，由此必然带来一系列农村社会矛盾。必须看到，农村经济利益是农村矛盾产生的根源。所以，用先进思想教育农民，正确调节农民的利益关系，就成为正确处理农村矛盾的主题。

21 世纪用先进思想教育农民工作，必须体现农村市场经济的特点和特色。农民教育工作者要在更广、更深的层面上调动农民的积极性和创造性，充分肯定农民对正当物质利益的合法追求，着力于培育农村新的经济利益主体，为我国农村的现代化建设提供个体与群体动力源。既要通过教育、示范、激励等手段使农民成为具有主动参与市场竞争的经济头脑和能力，能够把农村市场经济的挑战变成机遇，把外部压力转化成内在动力；又要通过用先进思想教育农民工作，教育农民正确处理国家、集体与个人三者间关系，确立社会主义的义利观，自觉化解由利益关系引发的矛盾和问题。

（三）我国农村崇尚文化、倡导文化的潮流带来的影响

随着人类文化的进步，我国农村也掀起了一系列的文化热。在这

股文化热中，农民受到了熏陶、感染和影响。农村文化是农民系统化的精神创造活动及其成果。它的最大特点是农民在精神领域的能动创造，同时其成果反过来又进一步教育农民。所以，用先进思想教育农民工作要激励农民在精神领域中充分发挥出能动的创造力，使之结晶为先进文化的成果。要通过有效的信息传播手段，及时、正确地向广大农民传播先进文化成果，把农民的能动创造成果反过来作用于用先进思想教育农民工作的完善，用先进思想文化成就一代新型农民。

（四）农村社会生活多样化的发展趋势带来的影响

在农民的身份和状态的转变中，农民之间的相互关系出现了一系列新情况，甚至是矛盾的现象。一方面，农村生活的进步和教育手段的现代化，使农民之间的关系紧密、广泛、快捷，时空距离有了很大的拉近；另一方面，一部分农民归属感淡化、家庭小型化、利益分散化等因素，又使农民之间的关系变得疏离、隔阂和冷漠。现代科学技术在丰富农民生活的同时，部分农民在心灵上反而疏远了，出现了一批远离组织系统、缺乏归属感以及虽在组织系统中但缺乏认同感的农民。

农民的这种属性变化，表现出农民价值取向的多元化、自主化、选择化，决定了农民的思想观念和心理心态的复杂化。用先进思想教育农民工作必须适应这种变化，从强制性灌输向服务性引导转变，在用先进思想教育农民的过程中统一农民的思想，在充分调动农民积极性的过程中实现步调一致，在激发农民展示自身价值的过程中实现先进理念共识。要使农民在多元中求认同，在疏远中求融合，在无序中求有序，在发展中求稳定，打造农村工作新的平衡点和着力点。

（五）农村现代化建设带来的影响

加快农村城镇化建设，已经成为农民的共识。作为生活于其中的农民，已经体验和感受到了这种现代化步伐的节奏。农村在现代化建设中需要现代化的农民，农村的现代化建设也造就了一大批现代农民。改革开放以来，大规模的农村建设改变着农村的面貌，三个文明建设的成就促进了农民面貌的改变。提高农村文明程度和提高农民素质的“两提高”工程，为21世纪农村的现代化建设作了铺垫。

在农村环境与农民素质的良性互动过程中，农民的自身素质得到了质的飞跃。

面对农民的进步，用先进思想教育农民工作唯有创新才有出路。要定位于农民的现代化，从促进农民的全面发展的角度，寻求工作思路与方法载体的突破与创新，努力开拓新世纪用先进思想教育农民工作的新格局。

促进农民的全面发展，一项重要的现实任务就是全面提升农民的素质，培养一大批与农村现代化建设事业相适应的“现代农民”。

这是21世纪用先进思想教育农民工作的出发点，也是其必然的归宿。

二、用先进思想教育农民工作必须适应农民全面发展的需要

从农民全面发展的角度，思考用先进思想教育农民工作适应性问题，以及新形势下用先进思想教育农民工作观念、内容、方法、机制、队伍等方面的创新，必须把这项工作作为农村整体工作的有机组成部分进行全局性和全方位的思考。

（一）推行用先进思想教育农民工作的社会分工

适合农民全面发展的需要，要用先进思想教育农民工作从宏观、中观、微观三个层面进行分工。宏观层面上，用先进思想教育农民工作要围绕农村现代化建设的进程和大局，构筑我国农民的共同理想和精神支柱，深化农民的理想信念、思想道德教育，团结我国广大农民投身于农村现代化建设事业。中观层面上，用先进思想教育农民工作要教育农民落实党中央的具体要求，结合农村和农业中心工作的实际，做好农村各项工作规划，做好组织协调工作，通过形成工作合力，加强分类指导，推进农村和农业建设的发展。微观层面上，用先进思想教育农民工作要针对农民的思想实际，开展农民喜闻乐见、有针对性的思想教育工作，努力把工作落实到基层，做到一线，体现成效。用先进思想教育农民工作只有从农民全面发展的目的出发，贴近农村实际，讲究工作层次，提高教育的可操作性，才能显现不可替代的优势。

适合农民全面发展的需要，用先进思想教育农民工作必须进行内部分工。用先进思想教育农民工作，一定要构筑党政工团齐抓共管、分工合作的工作体制，摈弃过去农村思想政治工作中普遍存在的“两张皮”现象，跳出农村思想政治工作仅仅是政工部门和政工干部的事的认识误区，改变农村思想政治工作“自我循环”的工作怪圈，形成党委领导、政工部门组织策划、所有农村基层干部都来做的新格局。把用先进思想教育农民工作与农村的中心工作紧密结合，与农村的管理工作紧密结合，运用思想教育、行政管理、经济杠杆等多种手段，提升工作的实际效果。有效地推行用先进思想教育农民工作的分工，有利于在新的形势下最大限度地发挥工作的功能和作用，实现工作效率和效益的最大化。

（二）加快用先进思想教育农民工作的资源重组

当前可以说是用先进思想教育农民工作资源最丰富的时期。改革开放以来的实践，为此项工作积累了大量的成功经验和有效做法；农村综合实力的加强，为此项工作带来了雄厚的物质基础。有效运用资源，科学进行资源重组，是加强 21 世纪用先进思想教育农民工作的新思路，也是新世纪的新优势。

首先，用先进思想教育农民要充分利用农村思想信息资源的集聚与辐射功能。按照“科学、准确、快速”的原则，帮助农民获取正确的信息、作出有益的选择、做到全面发展，是新世纪用先进思想教育农民工作的重要任务。要有效发挥信息集聚和辐射的功能，把原本各自为战、简单粗糙、单向交换的农村旧有信息体制，重组为完整统一、上下贯通、多向传递的用先进思想教育农民工作信息系统，使农村信息资源利用集约化，既提高效率，又降低社会成本。

其次，用先进思想教育农民要注重农村政策法规资源的配置与运用。政策法规对农民的思想认识有着巨大的影响作用。政策法规的内容科学与否，过程民主与否，执行严格与否，会直接引起农民积极或消极、正常或混乱、稳定或波动的思想反映。因此，在用先进思想教育农民工作中，必须运用政策法规对农民进行思想教育和示范引导。要充分利用农村信访部门、民政调解部门、司法咨询机构等的政策宣传作用，把因政策引发的农民思想问题化解在萌芽状态，并通过信息反馈，利用相关政策制定、贯彻、修改、完善的过程，提升农民的思想认识水平，促进农民全面发展。

（三）充分发挥农村基层干部的骨干作用

农村基层干部在农民中树立什么样的形象，具有很强的导向作用。行动是无声的命令，榜样是无穷的力量。农村基层干部带头做模范，对农民是一种最实际、最有力的动员和教育，也是掌握用先进思想教育农民工作主动权最有效的方法。

农民常说，“村看村，户看户，农民看干部”。农民看农村基层干部，首先看的是他有没有高度的事业心和责任感，是不是言行一致、表里如一、处处起模范带头作用。农村基层干部要掌握用先进思想教育农民工作的主动权，关键是心口如一、言行一致、靠身体力行去感召和带动农民。在用先进思想教育农民工作中，既要讲得对，更要做得好。要求农民做的，农村基层干部首先要做到；要求农民信念坚定，农村基层干部首先要毫不动摇。这样，说话办事才有感召力、引导力和说服力。

作为农村基层干部，既要解放思想，更要注重实干，真正成为党的路线方针政策的坚定执行者和党纪国法的模范遵守者；既有坚定的政治信仰，又有高尚的人格魅力；既有胜任实际工作的能力，又能掌握用先进思想教育农民工作的基本知识和规律；既是“知”的典型，又是“行”的模范。只有农村基层干部堂堂正正做人，老老实实做事，清清白白为官，才能具备教育农民的资格，所讲的道理也才能令农民信服。

第二节　用全面发展观创新农民素质教育工作

我国农民素质教育应从农民发展的角度和现代化的概念出发，探讨农民现代化的本质和内涵，分析农民现代化对中国农村现代化和中国社会现代化的作用，农民现代化的具体要求以及如何加速农民现代化等问题。

一、农民现代化素质教育的探索

进行农民现代化素质教育，就是转变农民的传统意识，建设农民新文化的过程，也是对农民价值观念进行整合，以求农民心理适应和文化认同的过程。在这个过程中，当新理念、新价值在农民的头脑中大于旧观念、旧体系的累积时，农民现代化的进程就是良性的、成功的。

我国农民现代化必须强调以下两点。

（1）要强调价值体系和农民个人进取心的作用。农民的价值观、行为规范和信仰是决定农村社会类型的关键。农民价值观的转变是农村社会变革的重要前提。因此，必须把农民作为现代化的价值主体和创造主体。

（2）要把农村现代化看成一种文化过程。这一过程包括接受那种与探险家的雄心、创新精神和企业家的合理性、追求业绩取向相适的价值观和态度，并以此去反对传统的价值观和生活方式。

要大力发展农民的素质教育，并把它与农村文化建设结合起来，打造中国特色的农民文化。加速开发农村的人力资源，从根本上提高农民的整体素质。加强文化功能对农民的嵌入，强化农民的文化能力，塑造农民的现代性，以适应中国农村现代化的需要。

二、农民现代化是农民素质教育的创新

农村现代化是农村历史上最激烈、最深远的社会变革。农村现代化是农村社会变迁在当代呈现的新形态，是制度与价值的综合变革，也是对农村“过去”的否定和对农村“未来”的重新建构。

农村现代化是一个特殊而复杂的转型过程，是农村在日益进化的基础上，进入自我维持增长和自我创新，以满足整个农村社会日益增长需要的全面发展过程。正是由于它是一个全面发展的过程，在我国农村的经济和社会发展战略目标上，应把农村现代化的实现程度作为重中之重。我国现代化的核心问题是棘手的农村、农业和农民问题。如果只有城市的现代化而没有农村的现代化，中国的现代化是不平衡的；而只有城镇居民的现代化而没有中国农民的现代化，中国的现代

化则是不全面的。中国现代化目标实现的关键，在于中国农村现代化的实现。没有农业的现代化，就不可能有整个国民经济的现代化；没有农村的现代化，就不可能有整个中国社会的现代化；没有农民的现代化，就不可能有整个中国公民的现代化。

马克思主义认为，一切社会发展最终都是为了实现人的全面自由的发展。实现共产主义的最终目标，就是为了实现“每个人全面而自由的发展”。基于这一点，可以说，农民的发展既是农村社会发展的原因，又是农村社会发展的结果。目前，我国农民整体素质偏低，价值观念不合理，受自然条件、资源分布、特别是政策制度的影响和各种不良影响的侵害等结构性因素的综合影响，而处于极为不利的弱势处境。这种现状严重制约了我国农村现代化并且极大地影响了整个社会结构的变革，使农村社会与国家之间的良性互动难以实现。

现代化农民需要现代农村，现代农村需要现代文化。因此，必须进行农民现代化教育。要从一个个的具体的农民着眼，让个体带动农民群体，以个体农民的现代化促使农民群体的现代化，进而推动农村文化的进步和重构，即以农民的现代化来推动农村的现代化，最终实现农村社会整体的现代化。

三、农民现代化素质教育的问题分析

农民现代化，实质上是把农民从传统人转变为现代人的过程，是把农民变成融理性、科学性和制度性为一体的过程。农民现代化的基本内容包括生产方式的现代化、生活方式的现代化和价值观念的现代化。在这三大内容之中，价值观念的现代化是最重要的。

由于受传统封建思想的影响以及小农经济的束缚，我国农民基本上还是一个传统群体，仍保持着传统社会的特征。比如，传统的价值观仍占据统治地位，大多数农民安于现状，缺乏文化能力去适应新的环境。由于教育和多方面的原因，一些农民缺乏民主意识和权利观念。这显然与农民现代化要求相背离。

这种传统的思想观念、价值体系与现代社会极不协调，模糊着农民现代化的方向，严重阻碍着农民现代化的进程。因此，必须以先进农村文化为平台，赋予农民以先进的指导思想、独立的进取精神和合

理的价值体系，进而实现农民的现代化。

我国农民是中国现代化建设的创造主体和价值主体。在要求农民创造、贡献和牺牲的同时，要高度注意保护农民的实际利益。把农民作为价值主体，最主要的是调动农民的积极性和创造性。因此，要尊重农民、热爱农民、关心农民的利益和愿望。要做到在政策上扶持农民，在制度上保障农民，以充分发挥农民群众创造历史的主动性。要积极探索实现农民自身现代化的途径，努力实现农民生产方式、生活方式和思维方式及价值观念的现代化。实现农民的现代化是一项艰巨任务，在完成这个任务的过程中，要重视农民的自我教育、自我塑造和自我发展。

四、创新农民素质教育是农村现代化建设的保障

在我国这样农业比重较大、农民占国民大多数的国情下，提高农民素质是新时期解决“三农”问题的关键，是今后一个时期农业和农村工作的重中之重。因此，必须用创新的思维来认识农民的素质教育问题。

（一）创新农民素质教育的意义

农民素质教育关系到整个中华民族素质的提高，关系到农业和农村现代化的实现。这是由我国的国情决定的。我国有 14 亿人口，农村人口仍然占很大比重，他们的科技文化水平低，难以摆脱生产力的束缚，严重制约着传统农业向现代农业的转变。现代农业是用现代科技武装起来的农业，是注重生态、环境、效益的农业，是以生产工具的机械化、技术科学化、商品产业化和标准化为特征的农业。因此，要解决这个问题，只有创新农民素质教育，提高农民的科技文化素质。

（二）创新农民素质教育的目标

农民素质教育的创新目标有三个。一是培养造就一批适应农业和农村经济发展新趋势的新型农民。规模化、集约化经营是今后一个时期农业发展的新趋势。为适应这种新趋势，应培养一批有文化、懂技术、善经营、会管理、思想新的新型农民，为实现我国农业现代化

发展目标提供智力支持和人才保障。二是促进农村城镇化。要随着城镇规模的扩大和发展，使大批量的农村人口从农村走进城镇。三是促进农村合理分工。农村合理分工是农村经济发展的前提和基础。加速推进农村合理分工，推进农村各阶段按照自然规律、社会规律、经济规律进行分化，农民素质至关重要。要通过对不同层次农民的区别教育，促进农村的合理分工，从而推进农村城镇化。

（三）创新农民素质教育的形式

对农民的素质教育要坚持推陈出新的原则，不能一味地采取课堂教学、函授教学等形式。要结合农村特点，因地制宜地创新教育形式。当前应紧紧抓住农村产业结构调整和农业产业化经营这个重点，围绕农业科技推广项目积极开展工作。在创新农民素质教育中要做到四个结合。一是思想素质教育与文化素质教育相结合；二是当前实用技术培训与系统培训相结合，以实用技术培训为重点；三是面向农村基层培训与面向社会培训相结合，以农村基层培训为重点；四是把推动农村剩余劳动力的合理分流与实用技术培训的过程相结合。

（四）创新农民素质教育的观念

农民素质教育观念应做到四个转变。一是由单一式教育转向复合式教育。过去只对农民进行农业技术知识教育、基本文化教育，忽视了思想教育和经营管理、市场营销、产业就业等教育，今后应加强这方面的工作。二是由普及式的低层次教育转向重点突出的高层次教育。为突出重点和教育的实效性，应把先进思想教育放在重要位置上，采取更有效的措施，提高农民的政治素质。要高度重视对农民的后续教育，在农村普及九年义务教育的同时，普及农村职业技术教育。三是由分散式教育转向体系化教育。为了提高农民素质，应加大对农民教育的投入，规范农民教育行为，建设有中国特色的农民教育体系。使广大农民在获得基础文化知识的同时，得到良好的先进思想教育。四是由政府行政推动转向政策引导拉动。目前，农民素质教育的诸项内容都是政府直接干预下的农民教育，今后应把政府行政推动改为政策引导拉动，制定出一系列适应当前形势要求的农民素质教育政策，调动农民主动接受教育的积极性。

第三节　用全面发展观创新农村隐形教育

一、打造农村隐形教育工作的良好形象

新形势下的农村隐形教育工作应该有自身的新形象，要对农民群众有强大的影响力、感染力和亲和力。

（一）在农村隐形教育的内容上，强化人文色彩

创新农村隐形教育工作的一项重要内容，是强化其人文色彩，提高其工作的效果。农村隐形教育工作是做农民的工作，它必须具有高度的人文精神。

农村隐形教育的人文精神，有两层含义。一层是指农村的一种精神文化，包括农民的知识、信仰、观念、道德、法律、习俗等；另一层是基于人本主义的一种进步的文化意识。这种进步的文化意识在我们做农民工作时反映出一种强烈的人文主义思维流和思想流，从而真正把农民放在最重要的位置上去考虑农村的任何问题，这也就是我们党历来所倡导的为人民服务的根本宗旨。

（二）在农村隐形教育的战略上，采取主动态势

在农村隐形教育工作实践中，首先要加强对新问题的战略性研究。要站在战略的高度，对新时期农村隐形教育工作的特点及其规律作出客观的分析和判断，以把握发展态势，提高工作的预见性、针对性。其次是农村隐形教育工作要体现出进攻态势。要强化阵地意识，积极主动做好这项工作。

（三）在农村隐形教育的内容上，搞好充实增强教育效果

为把党的理论创新成果更好地运用到农村隐形教育工作中，要对其工作内容进行大胆的改革和创新。农村隐形教育的内容创新要做到以下三点。一是增强时代性。根据变化了的形势和环境，对农村隐形教育工作的内容进行改革，使其具有鲜明的时代特征。二是增强针对性。关键是要在农村隐形教育工作理论和实践的结合上下功夫。三是增强开拓性。要加强理论研究，不断开拓新领域，创造新成果，同时还要在实践

中大胆探索。只有这样，才能使农村隐形教育工作永葆活力。

（四）在农村隐形教育的方法上，寻求新的拓展和适应能力

农村隐形教育工作要由偏重影响向注重渗透拓展。寓教于知，寓教于乐，寓教于管理，使这项工作更加贴近农村实际。

农村隐形教育工作要由方法单一向运用多种科技手段拓展。要注意发挥计算机网络等现代新型技术和大众传媒的作用，运用社会学、教育学、心理学、管理学等多学科知识的方法，不断增强农村隐形教育工作的科学性。

农村隐形教育工作在表现形式上要强化创新意识，不断开拓进取。也就是说，农村隐形教育工作一定要打造自己新的形象，提高自己工作的各种能力。

隐形教育在我国广大农村已开始引起了各方面的关注，这是值得赞许的。但是，研究、关注与实践的程度还很不够，无论是从思想上的重视，还是实践上的操作，都亟待提高。农村显形教育与隐形教育相辅相成，必须正确而灵活地处理它们之间的辩证关系。在用先进思想教育农民工作中坚持隐形教育，并不排斥显形教育的主体地位。它们是辅助与主导的关系，二者交织在一起形成了优势互补的用先进思想教育农民工作的有效途径，从不同的侧面促进着这项工作正常而顺利地开展。广大农村基层干部应当进一步借鉴和总结古今中外隐形教育的经验，结合我国农村新的实际和新的情况，加以灵活运用，使之成为用先进思想教育农民工作中更为有效的形式。

二、加强队伍建设，增强工作说服力

改革开放后，随着我国广大农民知识的提升和思想观念的复杂，对从事农村隐形教育工作的农村基层干部素质提出了更高的要求。为了进一步提高农村隐形教育工作的水平和质量，搞好隐形教育，必须不断加强农村基层干部队伍建设。

在农村隐形教育工作中，给农民以熏陶影响最大的，还是农村基层干部的人格力量。这是无声的教育，也是榜样的力量。广大农民群众往往对农村基层干部所讲的道理和环境感染，都采取了积极认同和

努力实践的态度，但常常因为发现了某个农村基层干部的说与做出现言行脱节现象，即“双重人格”，所以大失所望，进而对各种教育包括隐形教育都产生反感，从而削弱了农村隐形教育工作的效果。

改革开放以来，农村隐形教育工作面临的新情况、新特点，决定了改进农村基层干部的作风是做好这项工作的关键。农村基层干部必须切实改进作风，从而取得教育者的资格，以增强农村隐形教育工作的效果。

农村基层干部要做好农村隐形教育工作，就要关心农民疾苦，保护农民利益，紧紧围绕农民的生产生活问题，围绕农民致富奔小康这个中心来开展工作。农村基层干部只有关心农民疾苦，保护农民利益，才能使农民心悦诚服，农村隐形教育工作才能收到实效。

农村基层干部要做好农村隐形教育工作，就要平等待农民，增进同农民的感情。农村隐形教育工作主要是无形的教育。农民看不惯拿腔拿调的，看不惯搞花架子的。农村实践证明，必须对农民施以真情。没有真情，农民就不会与你接近，你就无法了解实情，更不能了解农民的心，就不能很好地开展农村隐形教育工作。古人云，善治者必达情，达情必近人。

要把农村隐形教育工作做实、做细，努力增强工作的针对性和实效性。要因时制宜，区分轻重缓急，首先解决最迫切的现实问题。我国农村处在不断发展变化之中，不同时期的农民有不同的困惑和苦恼。农村隐形教育工作要抓住一个时期的主要矛盾，从农民最关心、最迫切要求解决的问题入手。比如，当前农民最现实的问题就是要求安定团结，这时农村隐形教育工作首先要有利于农村的稳定，然后才能谈农村发展、搞农村建设，才能树农村文明新风。

第四节　用全面发展观提升农民先进思想教育

一、用全面发展观引领农民先进思想教育工作

（一）农民的全面发展需要创新用先进思想教育农民工作

实现农民全面发展是党在农村的重要任务。这是我国农民教育工

作的一次新的重大飞跃，不可避免地会带来农村经济生活和政治生活的重大变化。从农民全面发展角度来说，用先进思想教育农民工作作为党的政治优势，面对农村扩大改革开放带来的新环境，教育的任务会更加艰巨。从这个意义上来讲，农民的全面发展要求创新农民先进思想教育工作。

1. 农民全面发展观为用先进思想教育农民工作提供了新的空间

用先进思想教育农民工作，在本质上是开放的。用先进思想教育农民工作的活力就在于不断地适应农村全面发展的新形势，满足农民全面发展的新需求。从农民全面发展角度讲，必须加强用先进思想教育农民工作，强化对农民进行思想灌输、思想引导、行为规范工作，构筑强有力的赖以支撑农民全面发展的精神支柱。

用先进思想教育农民工作，在特质上是与时俱进的。新世纪的用先进思想教育农民工作必须具有鲜明的时代特征，必须适应农民全面发展的需要。必须看到，农村的思想、道德和文化建设是一个带有普遍性的现象，用先进思想教育农民工作在客观上存在着与农村思想文化发展的内在连接。也就是说，用先进思想教育农民工作的内容、形式、方法都要反映农村发展的潮流和要求，以适应农村更加开放的现实格局。

2. 农民全面发展观带来的新变化将推进用先进思想教育农民工作的创新

农民的全面发展观，将对农民的经济生活、社会生活带来巨大的影响，我国农村会因此发生极为深刻的变化。要适应农民全面发展的新形势、新情况，用先进思想教育农民工作唯有创新才有出路，才能在农村新的环境中取得积极主动的地位，更好地发挥自身的独特优势和不可替代的作用。

农民全面发展观的提出，使农民的全面素质教育被摆到了突出的地位。用先进思想教育农民工作不仅要在宣传农民、教育农民、提高农民、激励农民方面发挥优势，更要以“促进农民的全面发展”为目标，在提高农民的素质方面发挥更大作用。这需要在继承农民教育工作优良传统的基础上，以更为开放的视角、更为开阔的思路，全面审视农民教育工作的定位和走向，解放思想，转变观念，适应农村全面发展形势和环境的变化，以农民全面发展的各项需求为依据，创新工作思路，调整目标战略，提高工作成效。

农民全面发展观的提出，使农民教育工作的内容变得更为广泛、更向深层次发展。新形势下的用先进思想教育农民工作，不仅要继续开展理想信念、思想道德、作风意志等方面的教育，也要适应农村社会主义现代化进程中农民发展的多元化需求，从农民物质生活和精神文化生活的实际出发，开拓用先进思想教育农民工作的新领域、新内容。要让农民具备先进的思想，养成科学文明的生活方式，引导农民追求健康高雅的情趣，这些都是用先进思想教育农民工作迫切需要解决的新课题。随着农民生活质量的日益提高，在农民教育日显重要的情况下，用先进思想教育农民工作的内涵和外延必将得到拓展，这需要我们进行全新的思考。

农民全面发展观的提出，用先进思想教育农民工作运行机制的创新也已摆到了农村基层组织的重要议事日程上来。立足于农民全面发展是这项工作的立足点和出发点，因此，用先进思想教育农民工作机制必须适应农民全面发展的要求。农民全面发展观的提出，将对用先进思想教育农民工作的运行机制产生重大影响。广大农村基层干部应该认真调研，积极寻找对策，以主动的姿态迎接挑战。

3. 把握在全面发展条件下用先进思想教育农民工作的主动性

落实农民全面发展观，需要强化用先进思想教育农民工作。农民全面发展观需要用先进思想教育农民工作的创新。只有积极创新，用先进思想教育农民工作才能适应农民全面发展观的要求，适应农民群众日益增长的思想文化生活的需求；才能在继承农民传统教育、巩固原有优势的基础上，发挥新优势，体现新作用；才能真正体现出与时俱进的品质，把握农民教育工作的主动权。

把握在农民全面发展条件下用先进思想教育农民工作的主动性，要做好具体的、实实在在的创新工作。

首先，要深化用先进思想教育农民工作的理论研究和宣传，为加强和改进这项工作提供理论支持。农民全面发展观的提出，使用先进思想教育农民工作面临着一系列新情况、新问题。要解释新情况、回答新问题，需要有针对性、有前瞻性、有说服力的理论宣传，帮助农民端正认识、转变观念、参与其中，从而实现农民观念上的突破。用先进思想教育农民工作是对农民进行价值教育、观念引导、行为规范，理应在坚持农民全面发展观的基础上，引领农村思想潮流，体现农民积极进取的内在品质。

其次，要努力提高用先进思想教育农民工作的亲和力，树立工作的新形象。用先进思想教育农民工作是做农民的工作，这就有一个农民对此项工作的认同、接受的现实问题。不管认识不认识，这都是客观存在。农民全面发展观要求这项工作一定要贴近农民、服务农民，不搞形式主义的“花架子”，努力追求工作的实际效果，多一点“亲和力”。用先进思想教育农民工作的载体途径、方法手段，只有为农民所喜闻乐见，才能吸引农民的关注和参与，达到教育农民、启发农民、引导农民和激励农民的作用。

最后，要在坚持农民全面发展观的基础上，积极探索21世纪用先进思想教育农民工作的规律，提升工作的科学性。用先进思想教育农民工作要按农民全面发展观的规则行事。21世纪用先进思想教育农民工作要体现针对性和实效性，也必须遵循农民的思想行为形成、发展、转化的规律，以科学规律为指导，不断提高工作水平。

4. 用农民全面发展观创新用先进思想教育农民工作

从农民全面发展观来看，现在是用先进思想教育农民工作的最佳时期之一。由于种种原因，用先进思想教育农民工作在一些地区比较薄弱，得不到应有的重视。究其原因有三点。一是一些地区的农民教育工作本身脱离农民的生活，离农村社会现实较远；二是对农民的教育工作讲大道理多，传播新知识、新信息少，说服力不强；三是对农民真正关心的热点、难点问题讲得少。也就是说，在一些地区，农民教育工作与农民的利益关系联系不密切。

根据农民全面发展观的要求，用先进思想教育农民工作创新既要紧扣农民的根本利益，又要结合农民的现实利益。当前加强用先进思想教育农民工作，一定要提高实效性，增强时代感。因此，这项工作的创新，无论是方法、手段还是内容、机制，都离不开农民全面发展观。这就要求在开展用先进思想教育农民工作时，应更多地考虑农民全面发展问题。所以，用先进思想教育农民工作要敢于针对农村的难点问题开展工作，要善于面对矛盾开展工作，要紧紧抓住农村现实问题开展工作。

（二）实现用先进思想教育农民工作的观念创新

观念创新是用先进思想教育农民工作创新的思想基础。没有观念创新，这项工作的其他方面的创新就无从谈起。农民全面发展观要求用先进思想教育农民工作必须解放思想，更新观念。

1. 以农民全面发展观为标准，树立以开放求发展的新观念

新时期的用先进思想教育农民工作，必须置身于农民全面发展的大进程、大背景之中。用先进思想教育农民工作有两个方面需要注意。一方面是要让全社会了解用先进思想教育农民工作，让全社会都知道其重要性和需求性，在农民全面发展要求之下定位或思考此项工作；另一方面，用先进思想教育农民工作也要学会借鉴、利用国内外社会文明创造的优秀成果来促进此项工作，以达到农民全面发展的目的。

2. 以农民全面发展观为标准，树立工作新观念

农民全面发展观的内容涉及农民思想的方方面面。从这个角度讲，应该说凡是有农民的地方就有用先进思想教育农民工作。用先进思想教育农民工作要充分发动群众，调动一切有利因素来达到农民全面发展的目的。

一方面，用先进思想教育农民工作要充分考虑农民全面发展观的要求，讲究先进性与广泛性的有机统一；另一方面，在对待用先进思想教育农民工作的优良传统上，要克服以往形成的思维定式，既要继承和发扬，也要发展和创造。只有这样，用先进思想教育农民工作的创新才会有正确的思想基础。

3. 以农民全面发展观为标准，探索工作新办法

前面讲过，农民全面发展观的提出，必将使用先进思想教育农民

工作的环境、任务、内容和对象都会发生一些新的变化。这就必须积极探索做好用先进思想教育农民工作的新办法，不断增强工作的针对性和有效性，以推动农村各项工作的顺利开展。

由于受文化水平、经历和眼界的局限，一些农民往往把由于自己对市场经济的不适应而在生产经营中产生的问题，推到政府和集体经济组织身上；一些农民对党和政府的政策、措施只以对个人是否有利为标准决定好恶，甚至在某些方面产生不满情绪；一些农民滋长了拜金主义和极端个人主义思想，把自身利益强调到不适当的程度，而对国家和集体的利益不管不顾；还有个别农民法治意识淡薄，扰乱社会秩序，甚至违法乱纪。为了较好地解决这些问题，用先进思想教育农民工作必须把提高农民素质放在重要位置。

（三）用全面发展观加强和改进农民先进思想教育工作

用农民全面发展观加强和改进新形势下用先进思想教育农民工作，这既是理论联系实际的客观要求，也是这项工作的基本原则。在新的形势下，用先进思想教育农民工作必须很好地坚持这一原则，并不断有所创新。

用先进思想教育农民，必须坚持以农民为本，把着眼点放在统一思想、理顺情绪、凝聚人心，调动农民的积极性和创造性，更好地完成农村各项工作任务上。搞好农村工作，发展农村事业，关键在农民，而农民的行为是受思想支配的。因此，用先进思想教育农民工作在农村的业务工作中具有特殊重要的地位。

坚持用农民全面发展观指导用先进思想教育农民工作，就必须坚持以农民为本，做到尊重农民、理解农民、关心农民，创造性地做好工作，达到提高认识、统一思想、凝聚人心的目的。

坚持用农民全面发展观指导用先进思想教育农民工作，必须适应新情况，着眼于创新，不断改进工作的方式方法，努力提高工作的针对性和实效性。在农村改革开放和发展社会主义市场经济的条件下，我国农村社会生活会不断发生深刻变化，农民教育工作的环境、任务、内容、渠道和对象也会与以往有很大的不同。因此，必须在继承和发扬优良传统的基础上，坚持解放思想，实事求是，深入农村，深入农民，调查了解新情况、新问题，积极开辟工作新途径，探索新办法，创造新经验，始终保持用先进思想教育农民工作的生机和活力。

二、用全面发展观指导农民先进思想教育工作

唱响主旋律，打好主动仗，就要尊重舆论宣传的规律，讲求舆论宣传的艺术，不断提高舆论引导的水平和效果。要全面宣传中央精神，及时反映社情民意，真正使宣传报道贴近群众，打动人心，赢得人心。要善于用事实说话，用实践的结果说服人、教育人，使广大干部群众通过经济发展和社会进步的巨大变化来认识党的路线方针政策的正确性，进一步增强对我们国家未来发展的信心。要重视对社会热点问题和敏感问题的引导，自觉地从大局出发考虑问题，掌握好政策，把握好尺度，做好理顺情绪、平衡心理、化解矛盾的工作。要正确开展舆论监督，注意区分社会生活中的主流与支流，既大胆揭露和批评各种社会不良现象，又防止人为炒作带来消极影响，使舆论监督真正起到扶正祛邪、激浊扬清的作用。

要落实好习近平总书记的指示精神，就必须结合农村的实际，用农民全面发展观指导、创新用先进思想教育农民工作，努力探索农民接受效果最好的方法。要充分发挥用先进思想教育农民工作的作用，农村基层干部就必须关心农民的疾苦，满腔热情地帮助农民解决实际困难，缩短与农民的心理差距，确保不断增强工作的活力。

（一）农民全面发展观要求用先进思想教育农民要心系农民

用先进思想教育农民工作必须贴近农民生活，这是农民全面发展观的要求，也是新形势下增强此项工作针对性和实效性的重要途径。要使用先进思想教育农民工作真正贴近农民生活，就必须深入农民，走进农民的生活，调查了解农民经济生活、社会生活、学习生活、家庭生活、文化生活，认真研究此项工作的特点和规律，积极开辟新途径，探索新办法，使此项工作渗透到农民生活的各个方面。在同农民打成一片的过程中，把用先进思想教育农民工作做到农民的心坎上。

深入农村生活，了解农民，这是用先进思想教育农民工作落实农民全面发展观的要求。到农民生活中去了解农民的思想，掌握农民的

心理，体察农民的需求，真正“读懂”农民，是做好用先进思想教育农民工作的前提。

农民的行为和表情是农民对某种客观事物的反映，是受农民的心理支配和调节的，是农民心理活动的直接表现。掌握农民的心理活动规律，及时抓住思想和行为的苗头，有助于增强工作的预见性和针对性。当前，在农村改革深入发展的关键时期，尤其要及时了解农民之所思、所急、所为，有的放矢地开展用先进思想教育农民工作，以促进农村改革发展，保持农村社会稳定。

耐心教育、疏导、启发农民群众，这是落实农民全面发展观、做好用先进思想教育农民工作的基本措施。用先进思想教育农民工作是解决农民的思想、观念和认识问题的，其工作的主要方式应是教育、疏导和启发。这项工作是农村工作的重要组成部分，是一种深层次地为农民服务。它的着眼点是农民的思维、意志、情感以及农民的精神需要。因此，用先进思想教育农民工作不能仅仅靠硬性约束来达到目的，而是要通过平等待人，尊重农民的人格和权利，理解农民的具体处境和个性，承认农民的不同性格、爱好和兴趣，以诚待人，以理服人。

动真情，关心农民群众，这是落实农民全面发展观、做好用先进思想教育农民工作的基本要求。古人云，感人心者，莫先乎情。列宁同志也说过，没有人的“感情”，就从来没有也不可能有人对于真理的追求。关心农民是用先进思想教育农民工作的根本特征。要满腔热情地关心农民、体贴农民，坚持为农民办实事、办好事，从农民关心的热点、难点问题出发，将热情服务与耐心教育结合起来使农民从切身利益中领悟到深刻道理，增强对党、对社会主义的热爱，从而发挥积极性、创造性。

关心农民应立足于关心大多数农民，不仅要从工作上、生活上关心，而且要从思想上、政治上关心。关心农民不是简单地做几件得民心、暖民心的事，而是要建立起农村各级党组织和领导干部关心农民的工作机制，如坚持走访制度、为农民办实事制度、领导干部联系点制度等。从关心农民入手，做好用先进思想教育农民工作，使农民对我们党的路线、方针、政策真正理解、真心支持，就能推动农村各项事业不断发展。

（二）用农民全面发展观思考用先进思想教育农民的创新问题

1. 认识用先进思想教育农民工作滞后的严重性

用先进思想教育农民工作是中国共产党的优良传统和政治优势，在农村革命和建设中发挥了极其重要的作用。但在农村改革开放和发展农村市场经济的条件下，一些农村基层干部对用先进思想教育农民工作的重要性产生了模糊认识，甚至认为此项工作可有可无，使这项工作产生了三种严重滞后的情况。第一个滞后是用先进思想教育农民工作创新滞后于农村思想文化建设创新；第二个滞后是用先进思想教育农民工作机制的创新滞后于手段、方法的创新；第三个滞后是用先进思想教育农民工作基本理论创新滞后于工作创新。正是这三种原因造成了现在此项工作的一系列的被动，这应该引起高度重视。

2. 认清新的历史条件下用先进思想教育农民工作面临的问题

用先进思想教育农民工作创新迫切需要研究的问题是，在新的历史条件下农村是否要坚持党所领导的自上而下的教育体系。这个问题关系到党在农村的执政能力、方式与水平。它的政治意义在于用什么方式使农民理解党的路线、方针和政策，进而实现农村的长期稳定以及国家政治基础的巩固。

用先进思想教育农民工作机制创新的核心问题是，在农村市场经济条件下要不要坚持党的领导实践体系。这个问题关系到党对农村的领导。一旦忽视了对用先进思想教育农民工作的领导，就会引起农民群众的思想混乱，使农村稳定出现问题。所以，必须建立和健全中国共产党领导的用先进思想教育农民工作的实践体系。

用先进思想教育农民工作的基本理论研究与建设，是必须引起高度重视的问题。必须用现代的眼光、世界的范畴、当代的语言来解释用先进思想教育农民工作的基本理论，以统一农民对党的理想信念的认识。

3. 从农民自觉接受的角度来思考用先进思想教育农民工作

过去用先进思想教育农民工作，讲的都是教育农民，很少谈到农民的接受性。现在，用先进思想教育农民工作在教育农民的时候，一定要考虑农民怎么来接受这些教育内容。从农民自觉接受的角度思考问题，广大农村基层干部就必须有换位思考的意识，想一想如果是自己该怎样来接受这些先进的思想。这样做，有助于新时代农民思想政治教育工作的开展。

第七章　爱国主义和集体主义教育

第一节　继承和发扬爱国主义传统

了解祖国的历史、现状和未来可以加深对祖国的热爱。在这一节中，主要介绍什么是爱国主义、我国人民特别是我国农民的爱国主义传统、在当代中国爱国与爱社会主义的关系等。

一、什么是爱国主义

（一）*爱国主义是人民对祖国的深厚情感*

列宁曾经说过：“爱国主义是千百年来巩固起来的对自己祖国的一种最深厚的感情。”当人类社会还没有产生国家的时候，人们只是随着定居生活的发展，产生了眷恋乡土的感情。这种感情随着民族、国家的形成，逐步发展为民族意识和对祖国的爱。祖国一般指祖祖辈辈居住的国土，和在这块土地上生活的人们以及山川、文化、历史传统等的总称。自从阶级、国家产生以来，千百年来人类长期被分隔在不同的国家，分别在自己祖国的特定社会环境中进行改造自然、改造社会的各种实践。祖国以土地、山林、河泽和古老而常新的思想文化、优良传统养育自己的人民，使得每个人的命运同自己祖国的命运联系起来，并要求为祖国的兴旺发达而奋斗，如果一个人把自己置于祖国之外，不愿为祖国的事业而奋斗，那他就失去了爱国主义这种人类最起码的道德品质。历史上，人们正是用爱国主义作为一种尺度，来评价人们的行为和社会道德的状况，把它作为处理个人与国家和民族之间关系的一种基本道德规范和行为准则。

人们常说：“我们都是中华儿女，中华民族的后代。伟大祖国是养育我们的母亲。”是的，祖国就是我们共同的母亲。就像对母亲应怀有的崇高的敬意和最深厚的感情一样，热爱自己的祖国是理所当然的事。

（二）爱国主义是中华民族的优良传统和宝贵的精神财富

爱国主义是中华民族的优良传统。几千年来，爱国主义一直激励着中国人民去继承、创造光辉灿烂的中华民族文化，求得祖国的生存和发展。

爱国主义在各个时代、各个社会、各个阶级有着不同的要求。随着各个时代矛盾的变化，爱国有其不同的内容和表现形式。当民族的敌人压境的时候，团结起来对抗外敌侵略，就成了当时人民的爱国动员令；当国家出现分裂危机的时候，和平统一，就成了当时人民的奋斗目标；当阶级矛盾激化的时候，反对阶级压迫、反对反动统治就是当时人民的爱国体现。在社会主义建设时期，在中国共产党领导下，积极参加社会主义建设，努力做好本职工作，就是当今爱国主义的具体体现。但爱国主义不管在什么时代、什么社会，都有其共性，都始终是人格和道德的最高衡量标准。“卖国贼”总是被万人唾骂，“爱国英雄”总是得到人民的敬仰。热爱祖国、忧国忧民、报国报民是历史上爱国主义的主流。

在历史上，以祖国的盛衰、人民的忧乐为怀和献身国家的仁人志士代代不绝，举不胜举。爱国主义诗人陆游写下“死去元知万事空，但悲不见九州同，王师北定中原日，家祭无忘告乃翁”；范仲淹写下“先天下之忧而忧，后天下之乐而乐”；岳飞写下“待从头、收拾旧山河”；顾炎武写下“国家兴亡，匹夫有责”；冯婉贞在抵抗英法联军侵略的斗争中“拔刀奋起”；鲁迅先生写下“横眉冷对千夫指，俯首甘为孺子牛”。

中国共产党的老一辈无产阶级革命家更是为了祖国的解放和建设、人民的幸福表现出强烈的爱国之心。周恩来总理一生为国为民操劳，鞠躬尽瘁，死而后已。在他弥留之际，留下的遗言是把他的骨灰撒在祖国的江河里和祖国的大地上。方志敏烈士牺牲前在狱中写了《可爱的中国》《清贫》等文章，显示了共产党人高尚的爱国主义情操。邓小平同志在祖国的解放和建设事业中功勋卓著，他在英文版

《邓小平文集》一书的序言中曾自豪地说："我是中国人民的儿子，我深情地爱着我的祖国和人民。"他的话正说出了老一辈革命家的共同心声。

我国人民崇高的爱国主义是中华民族的宝贵精神财富，受到党、国家和广大人民群众的珍视和维护。早在中华人民共和国成立前夕，在中国人民政治协商会议第一次全体会议制定的临时宪法《中国人民政治协商会议共同纲领》里就提出"五爱"要求："提倡爱祖国、爱人民、爱劳动、爱科学、爱护公共财物为中华人民共和国全体国民的公德"。中华人民共和国成立初期的爱国主义教育和"五爱"公德教育，对提高民族自信心、建设和保卫新中国以及我国新的道德风尚的形成起了重大作用。

（三）爱国主义是促进民族团结和争取民族解放的伟大力量

在历史上，尤其是在100多年的近现代史上，中国人民的爱国主义从来就是动员和鼓舞各族人民团结奋斗的精神支柱、民族之魂，在维护祖国统一和民族团结、抵御外来侵略、争取民族解放中，发挥了巨大作用。

中国人民从鸦片战争到解放战争，进行了前仆后继、可歌可泣的英勇斗争。林则徐领导禁烟斗争气壮山河；关天培血战虎门肝脑涂地；谭嗣同等"六君子"为变法图强而慷慨就义；邓世昌在甲午海战中以身殉国；黄花岗七十二烈士中的方声洞、林觉民"为天下人谋永福"甘愿牺牲；伟大的革命先行者孙中山为振兴中华奔走海内外，领导数十次的起义和斗争，终于推翻了腐朽的清政府；当胜利果实又被窃国大盗袁世凯篡夺、国家仍未摆脱落后挨打的半殖民地半封建厄运时，"五四"爱国运动的熊熊烈火燃遍全中国。特别是在抗日斗争中，日本侵略者占领我国东北三省后，《义勇军进行曲》，即今天的《中华人民共和国国歌》，奏出了中华民族团结奋斗的最强音。它充分显示了中国人民对帝国主义侵略的强烈愤怒和联合起来、不畏强暴、献身祖国解放的民族精神，鼓舞人民"万众一心，冒着敌人的炮火，前进！"当时，多少中华儿女，手挽手，唱着这首歌，奔向抗日的前方；多少士兵在战场上，唱着这首歌，举起大刀向鬼子们的头上砍去。这一曲民族解放的战歌，唱遍祖国大江南北。中国共产党高举爱国主义旗帜，领导人民军队走在抗日最前线，团结和领导全国人民与日本帝国主义进行殊死搏斗。在中国共产党的抗日民族统一战线政策的影响下，在爱国主义的召唤下，许多国民党官兵也反对内战，积极抗日，形成了全民族的团结，结成了最广泛的抗日救国民族统一战线，克服了国内外反动势力的分裂、投降阴谋，历经14年的浴血奋战，取得了抗日战争的伟大胜利。紧接着，中国共产党领导人民军队和人民群众经历3年的解放战争，终于推翻了帝国主义、封建主义、官僚资本主义的反动统治，建立了新中国。可以说，一部中国近现代革命史，同时也是一部中国近现代的爱国斗争史。爱国主义精神像一座丰碑永远矗立在中国人民的心中。在天安门广场的人民英雄纪念碑上的碑文："三年以来在人民解放战争和人民革命中牺牲的人民英雄们永垂不朽！三十年以来在人民解放战争和人民革命中牺牲的人民英雄们永垂不朽！由此上溯到一千八百四十年，为了反对内外敌人，争取民族独立和人民的幸福，在历次斗争中牺牲的人民英雄们永垂不朽！"这篇碑文铭刻着一切为中华民族的团结和解放事业作出过努力的爱国者业绩，并永远激励后来者的爱国热情。

二、爱国主义要求坚持走社会主义道路

（一）爱国主义和社会主义在本质上是一致的

在当代中国，热爱祖国必须热爱社会主义，爱祖国和爱社会主义在本质上是一致的。这是因为社会主义代表了我国各族人民的根本利益，代表了祖国的未来。

热爱祖国就必须热爱社会主义，这是近现代历史反复证明的真理。旧中国，在帝国主义和官僚资本主义的统治下，政治腐败、经济落后，人民受剥削、受压迫，其社会地位低下。中华人民共和国成立后，使我国改变了贫穷落后的面貌，成为一个初步繁荣昌盛的国家。社会主义是中国人民的历史选择，是中国走向现代化的必由之路。今天，全体社会主义劳动者、拥护社会主义的爱国者，都越来越自觉地认识到，只有社会主义才能救中国，只有社会主义才能发展中国。因

此，我们说爱国就要爱社会主义，热爱社会主义并为社会主义建设事业努力奋斗，是社会主义时期爱国主义的基本要求。

邓小平同志指出："中国人民有自己的民族自尊心和自豪感，以热爱祖国、贡献全部力量建设社会主义祖国为最大光荣，以损害社会主义祖国利益、尊严和荣誉为最大耻辱。"这是对我国现阶段爱国主义特征的精辟概括。

（二）坚持社会主义是最深层次的爱国主义

坚持社会主义是最深层次的爱国主义。为什么这么说呢？因为社会主义制度是历史上最优越的制度，它为生产力的发展和社会进步提供了可靠的保证和光明的前景，社会主义的当代中国比以往任何时期更可爱、更值得爱。社会主义的道路是使中国走向繁荣富强的正确道路，并将引导我们走向更美好的未来。

社会主义制度在全国各族人民之间建立起自主、平等、合作、互利的关系，人们有着共同的利益和理想，实现了各民族的团结和统一，避免了旧中国那种四分五裂、动荡不安、受帝国主义欺侮的局面，为经济发展、社会进步提供了有利的大环境；以生产资料公有制为主体的制度，为人民通过共同劳动和按劳分配走向共同富裕打下了基础；劳动人民创造的财富，一归人民的国家，二归劳动者享用，不用去养活一个剥削阶级。我们的党和我国人民通过 40 多年的实践，对什么是社会主义，在中国怎样建设社会主义，有了更符合实际的认识。改革开放以来，我们强调建设有中国特色的社会主义，我国经济空前大发展、综合国力大为增强、人民生活大大改善，事实有力地说明，坚持有中国特色的社会主义道路，我们祖国的前途、人民的前途、农民的前途都将会更加美好。

总之，在当代中国，爱国主义与建设有中国特色的社会主义是一致的，只有把爱国主义与建设有中国特色的社会主义有机地结合起来，才能把我们的国家建设得更美好，才更符合广大人民的根本利益。我们爱社会主义的祖国，既不能满足于已取得的成就与进步，更不能甘心落后与贫穷，而是要将满腔热情倾注到祖国的社会主义现代化建设之中，振兴中华，实现中华民族伟大复兴。

第二节　新时期中国农民爱国主义的具体体现

爱国主义不是抽象的概念，在各个不同的历史时期有着具体的内容。今天，我们伟大祖国已进入改革开放和社会主义现代化建设的新时期，我国农民爱国主义的具体体现就是要投身改革，肩负起社会主义现代化建设的时代重任。

一、发展农村生产力，促进农业和农村社会经济的全面发展

1. 大力发展农村生产力，全面振兴农业和农村经济

我国是一个向工业化迈进的农业国，农民是全国人口的大多数，农业是国民经济的基础，农村的建设发展是我国社会主义现代化建设的重要组成部分。在新时期，我国的农业已不再是简单的自给经济和传统农业，它对科学技术的需求，对良种、饲料、优质肥料、各种农业机械、电力和交通、商业、金融等各种服务的需求越来越高；农村经济已不是单一的种植业，它已经成为农林牧副渔、工商建运服综合经营的复杂的经济结构。我国农村面临的最大问题是人口多、耕地少，农业和农村生产力发展水平还比较低，农村基础设施建设薄弱、科技水平落后、投入不足、产业结构还不够合理、社会化服务体系不健全等。这些都迫切要求广大农民充分发挥积极性、主动性和创造性，大力发展农村生产力，促进农村经济的发展、农民的富裕和农村社会的进步。

发展农村生产力，实现农业的稳步发展、多种经营和乡镇企业的全面进步，很大程度上都要依赖广大农民的努力。还有轻工原料的提供，国内市场的扩大，农村二三产业的发展，农村劳动力的进一步转移等。这些问题的解决主要依靠广大农民来发展农村生产力。

科学技术是第一生产力，是农业再上新台阶的巨大推动力。振兴农业和农村经济，最终取决于科学技术的进步和适用技术的广泛应用。因此，广大农民在生产中应当更加重视学习科技知识并运用科技手段。科技可以兴农，科技可以致富。例如，我国粮食的增产，主要

是推广新品种、增施化肥、兴修水利、运用农机具为主要内容的“绿色革命”的成果；“菜篮子”的丰富是农民运用地膜覆盖、温室大棚等手段的结果。

发展农村生产力，一靠政策，二靠科技，三靠投入。对科技的运用，需要增加投入，对农业的投入，除国家投入和集体投入外，农民的投入也很重要。农民作为独立的商品生产者，投入意识明显增强。广大农民有爱国家、爱党，愿为国家多贡献的优良传统和政治觉悟。当前国家有许多困难，对农业生产和其他农村产业的投入一时拿不出太多的资金来，广大的农民要充分体谅和理解国民经济的需要和困难，将手中的资金尽可能多地投向生产，特别是粮棉生产，为国家多生产、多贡献。当然，国家也在采取适当的经济政策，为农民创造良好的投资环境，提高农民的投入效益。

发展农村生产力，最重要的是好政策，这就有赖于作为生产关系的农村社会主义经济制度的完善和发展。这就要求广大农民积极参与农村改革的深化，巩固和发展农村改革的伟大成果。

2. 为建设富裕文明和谐的现代化家乡而努力

农村的发展，农民收入水平的不断提高，对整个社会的发展进步来说是至关重要的。只有农村富裕了，农民富裕了，国家才能真正富强起来。如果农村不实现现代化，我国现代化也就成了一句空话。

粮食和经济作物是社会发展必需的，对社会安定和国民经济发展有重要作用。因此，要稳定发展粮食生产，并积极发展经济作物，提高产量、质量和效益。发展畜牧业和多种经营，对于多数地区的多数农民来说，还是增收的一条现实路子。乡镇企业是吸纳农村剩余劳动力就业、增加农民收入的非常重要的渠道，农民增收中来自乡镇企业的比重将达到35%以上，因此，要积极促进乡镇企业的发展。农村劳动力的转移，对增加农民收入的作用越来越大，劳动力的有序转移要靠组织和引导，不能盲目。发展外向型产业，既能推动经济发展，又能增收，有条件的应努力发展。

广大农民和农村干部要把富国家、富集体和富民结合起来，把爱国家同爱集体、爱家乡、爱企业、爱岗位结合起来，从建设好家乡做起，多流一滴汗，多添一块瓦，脚踏实地，一步一个脚印，把爱国家落实到具体行动中。

二、履行应尽的责任和义务

新时期农民的爱国主义的一个重要体现，就是要积极参加社会主义现代化建设，完成国家的各项任务，履行农民应尽的责任和义务。

1. 依法纳税，支援国家的现代化建设

税收是国家财政收入的重要来源，是国家进行建设和发展公益事业的物质基础，目前占到国家财政总收入的90%左右。税收是正确处理国家与企业、集体、个人分配关系的重要手段。通过税收的调节作用，还可以起到促进生产发展、调整经济结构、加强企业核算、提高经济效益的作用。因此，规定纳税单位和个人必须按规定标准依法纳税，违犯的要受到法律的制裁。

税收取之于民，用之于民。我们的国家是代表人民利益的，国家的利益也就是劳动人民的共同利益、根本利益。依法向国家缴纳税金，国家富裕了，才能促进社会主义的建设，才能办好人民的公共事业，个人的物质、文化生活才能得到不断提高，个人利益才能得到可靠的保证。广大农民应以国家利益为重，完成国家的税收任务，支援国家的现代化建设。农村集体所有制企业作为从事商品生产经营的集体经济组织，是法定的纳税人，负有向国家纳税的义务，必须向税务机关办理税务登记证，并接受国家税务机关的监督管理。

目前，我国对农民个人、个体工商户征税主要有以下规定：对农民个人生产、销售的产品，属于《工商税务条例》税目税率表中列举品目的征收工商税；对个体工商业经营所取得的收入，也要征收工商税；还有屠宰税、牲畜交易税、车船使用交易税等。应该说，这些税金的缴纳都是必要的。相对其他部门，农业农村相关部门的税率是较低的。这种优惠，是国家给予农业和农民扶持和帮助的具体体现。

有少数农民依法纳税的观念淡薄，对应交的税金不愿交，影响农村税收任务的完成，这是很不应该的。对这些人的错误思想和行为，要通过学习教育，使其提高认识，做一个爱国守法、胸怀大局的好农民。

2. 遵纪守法，维护社会稳定

这是新时期农民爱国主义的一项具体体现。纪律是我们在劳动、工作、学习和生活等社会活动中所要遵循的秩序和规则。社会主义纪律的内容包括三方面。第一是政治纪律，主要是指要坚持党的四项基本原则，执行党的路线、方针和政策，在政治上同党中央保持一致。第二是组织纪律，如党纪、团纪等。第三是职业纪律，厂有厂纪厂规，商店有店纪店规，学校有学生守则，农村有乡规民约。农村的乡规民约和乡镇企业的规章制度等是农村社会稳定和生活、生产良好秩序的准则之一。广大农民应加强纪律观念，抵制无政府主义，自觉地遵守纪律。

法律指由国家行使立法权的机关依照立法程序制定，由国家强制保证执行的行为规则。我国的法律是社会主义的法律，它是广大人民意志的体现，是广大人民治理国家的重要工具，它积极维护人民利益，保卫人民民主专政，保障社会主义革命和建设事业的顺利进行。

《中华人民共和国宪法》是我国的根本大法，是国家的总章程。它规定了国家的社会制度、国家制度、国家机关和公民的基本权利和义务。以《中华人民共和国宪法》作为母法，我国还有一系列子法，如《中华人民共和国刑法》《中华人民共和国民法典》《中华人民共和国治安管理处罚法》《中华人民共和国森林法》《中华人民共和国义务教育法》等。改革开放以来，我国加强了立法工作，制定与完善了一系列法律和法规。

第八届全国人民代表大会常委会第二次会议于1993年7月2日通过了《中华人民共和国农业法》和《中华人民共和国农业技术推广法》。这是关系我们农民切身利益的两个法，要坚决执行。

社会主义市场经济是法治经济，它意味着社会生活的一切方面都要法治化，法在社会生活中具有普遍性。因此，新时期农民必须逐步树立法治意识。

我国的法治是社会主义法治，它的基本要求是“有法可依，有法必依，执法必严，违法必究”。广大农民必须增强法制观念，学法、知法、守法、用法。只有这样，才能做到更好地在生产、生活中利用法律武器来保护自己，并且自觉地不做违反法律的事情。

近年来，有些农村地区刑事犯罪案件不少，社会治安不好，经济犯罪案件增多，其他违法乱纪行为也时有发生，成为人们十分关注的一个社会问题。在政府专门机关和广大群众的配合下，通过综合治理，坚决追究和打击，已取得成效。广大农民要以自己的实际行动遵纪守法，不做损害破坏国家利益、社会稳定的事，保证国家经济建设和改革开放的顺利进行，这就是爱国。

3. 踊跃参军，保家卫国，履行公民义务

《中华人民共和国宪法》规定，保卫祖国、抵抗侵略是中华人民共和国每个公民的神圣职责。依照法律服兵役和参加民兵组织是中华人民共和国公民的光荣义务。人民是国家的主人。国家的安危同每个公民的利益是息息相关的。《中华人民共和国兵役法》规定，我国公民，不分民族、种族、职业、家庭出身、宗教信仰和教育程度，都有义务依照兵役法的规定服兵役。我国农业人口众多。在我国，农民是主要兵源。在各个年代、每个时期都传诵着很多送子、送郎参军、保家卫国的动人事迹。一人参军，全家乃至全村都光荣。

4. 维护国家统一和各民族的团结

《中华人民共和国宪法》规定，中华人民共和国公民有维护国家统一和民族团结的义务。国家的统一、民族的团结是全国人民共同的伟大事业。

农民是促进台湾与祖国大陆统一的一支重要力量。农民可以通过宣传党和政府关于和平统一、“一国两制”的方针，多层次地与台湾同胞、港澳同胞、海外侨胞建立联系，广交朋友，争取人心，为早日实现祖国统一作出应有的贡献。

要维护祖国统一，必须加强民族团结。我国各族人民应当平等相待，友好相处，互相尊重，互相帮助、团结和睦。社会主义民族关系是建立在社会主义公有制的基础上的，各民族的根本利益是一致的。

5. 拥护共产党和工人阶级的领导，巩固工农联盟

对当代中国农民来说，热爱祖国，就要热爱共产党，拥护共产党

和工人阶级的领导。

中国共产党是中国工人阶级的先锋队，是中国各族人民利益的忠实代表，是中国特色社会主义事业的领导核心。中国共产党成立100多年来，为了民族的解放、社会的进步和人民的幸福，团结和带领中国人民进行了不屈不挠的斗争。没有共产党，就没有民族的解放、国家的繁荣富强。

对每个爱国的农民来说，应该认识到，爱国、爱人民、爱社会主义、爱党，是完全统一的。我们的国家是中国共产党领导下的以工农联盟为基础的人民民主专政的国家。拥护共产党和工人阶级的领导，巩固工农联盟，是广大农民的历史责任。只有在政治上、经济上、科学教育文化上使工农联盟不断巩固和发展，我国才会有安定团结的政治局面，社会主义现代化建设才能顺利进行，人民民主专政才会更加巩固，建设一个现代化的高度文明、高度民主的社会主义国家的理想才会逐步变为现实。

公民的社会经济权利、文化教育权利和自由等基本权利和正当权益受法律保护，我们应当正确地行使这些权利。公民的权利和义务是不可分离的。不存在只享有权利而不履行义务的公民，也不存在只履行义务而不享有权利的公民。

第三节　坚持和发展农村集体经济

在我国农村，集体经济仍然是占主导地位的经济组织形式，坚持和发展农村集体经济，在过去、现在和将来，都是我们的一项重要任务。

家庭联产承包制的推行使我国农村生产出现了许多新的变化，重要的变化之一是由原来的高度集中统一经营体制变成以家庭承包经营为基础和社区集体经济相结合的有统有分的双层经营体制。

一、以家庭联产承包制为主体的经营体制需要

现在我国农村普遍推行的以家庭联产承包制为主体的经营体制对发展农业和农村经济具有积极的作用，要长期坚持和稳定。但是，现

行的做法也不是尽善尽美的，它还需要不断完善，我国农民在实践中也正在不断地对它进行完善的探索。

比如，在一些以分为主的地区，集体经济薄弱，该统的时候统不起来，不能很好地为农户提供服务，制约了农户在市场经济大海中遨游的能力。再有，家庭承包经营形式在某些产业上显得力量单薄，土地按人平均分配不利于发挥规模效益，地块分得零碎，不利于机械化作业等，都在一定程度上制约了生产力的发展。

在实践中产生的问题只有在实践中寻求解决的办法，广大农民在实践中自己创造出了不少新的办法和经济形式来完善家庭联产承包制。如完善土地承包制度、搞好社会化服务、发展专业户、经济联合体等新的形式在全国各地不断涌现，成为发展农村经济的重要力量。

完善土地承包制度，主要是按新的规定延长承包期；订立好承包合同，调整过于零碎的地块，推动土地承包权的转让，在非农产业发达，农业劳动力已大部分转出的地方，在农户自愿的基础上，实行土地的适度规模经营。

建立农业的社会化服务体系，是乡村合作经济组织以村级集体经济对农户的服务为基础，联合国家对农业的经济技术服务组织（种子站、技术推广站、畜牧兽医站、林业站、水利站、经营管理站等）、商业、外贸部门对农业服务组织、科研单位、大专院校对农业的服务组织、供销合作社、个体服务组织等，组成对农业的社会化服务体系，对农户提供产前、产中、产后的综合系统服务，发挥集体经营统一管理的功能，帮助农民解决单家独户所不能解决的困难，提高经济效益。

专业户就是以商品生产和交换为基本特征、以户为单位从事专业性生产或经营的农户。有的是承包集体项目的承包专业户，有的是在家庭副业基础上发展起来的自营专业户。他们从事的产业一般商品率较高，效益也较好。专业户的出现与发展，代表了农村各种新兴产业的发展和社会分工的巨大进步。从发展生产力上看，专业户显然比小而全的家庭联产承包要进步得多，它有利于农户向专业化方向发展，从而成为某一产业的行家，大大地提高生产效率。从集体统一管理的职能来看，专业户的发展也有利于集体管理职能的加强，分工越细，对集体的依赖性就越强，集体的管理调配能力也显得越重要。

经济联合体有许多形式，有劳动的联合，有资金与劳动的联合，有经营者与劳动者的联合，还有各种因素的混合联合等。一般为农户之间或农户与不同所有制单位之间，在自愿互利基础上，把生产要素组合起来，实行联合经营、统一核算的经济实体。联合体的出现是农村生产发展的一种进步，它为乡镇企业的迅速崛起打下了良好的基础，同时也使集体经济力量得到有力的加强，使集体的管理职能得到充分体现。

总之，以家庭联产承包为主体的经营体制的完善只能在实践中循序渐进地进行，其完善的宗旨仍然是更好地发挥集体与个人两个积极性，最终达到增强集体经济实力、实现共同富裕起来的目的。

二、正在发展的股份合作制是我国农村集体经济的一种新形式

随着经济联合体的不断涌现，联合的形式也日趋增多，农民在联合的实践中经历了由简单合作到股份合作的发展过程。于是，一种农村集体经济的新形式——股份合作制，联产承包制的产生以后，在全国各地相继出现。

股份合作制是在合作的基础上引进股份制的基本原则，资金可以入股，技术、劳动力也可以入股；在分配方式上以按劳分配为主，又有一定比例的按股分红。

其最大特点是以股份形式明确了产权关系，调动了人们的投资意识。这种形式更多地体现在各地办乡镇企业的过程中，对乡镇企业的发展起到了很大的促进作用。而乡镇企业的发展使农村集体经济实力大大加强起来，在农村城镇化、工业化和现代化的建设过程中起着至关重要的作用，在提高农民生活水平、带领广大农民共同富裕方面创下了不可磨灭的伟大功绩。

对那些在原有集体经济基础上办起来的企业进行股份制改造后，说它仍是集体经济的新形式还比较好理解，而对于那些原来是个体发展起来的企业来说，经过股份合作制的改造后，怎样理解它是集体经济的组织形式呢？因为，按照股份合作制的管理条例，企业每年都有不可分割的公共积累归全体劳动者所有，职工直接占有生产资料的部

分会逐年增加，久而久之，个体所有的企业就会转变成劳动者共有的新型集体所有制企业。因此，只要是规范的股份合作制企业，都是农村新型的集体所有制经济组织形式。

总而言之，我国农村的集体经济形式，从过去人民公社的集体经济体制通过改革发展到了今天，已经发生了很大的变化。它已经找到集体利益和个人利益的结合点，找到既能调动个体积极性又能发挥集体优越性的新形式。例如，统分结合的双层经营、股份合作制等，其经营形式不仅灵活多样，生命力也越来越旺盛，相应的农村集体经济实力也得到了极大加强。

三、发展农村集体经济

在新时期，大力发展农村集体经济、增强集体实力，是我国农民的一项主要任务。这是因为，不论有多少经济形式存在，集体经济的作用都是不可取代的。

（一）集体经济的作用

在联产承包制为主的双层经营体制不断发展逐步完善的今天，在各种经营形式并存的今天，集体经营这一层次的作用始终不能忽视。

农户分散的家庭经营，很多事办不了、办不好，需要集体统一服务，如统一制种、统一机耕、统一灌溉、统一除虫、统一农田基本建设、统一防洪排涝等。集体没有一定的经济实力，就很难搞好这些服务工作。很多集体经济薄弱，以家庭分散经营为主的地方，在这方面就存在很大的困难，妨碍了生产的发展。

如果没有集体经营这一层次，家庭经营层次的作用再大，生产方式也是分散的，生产能力和经营规模也是有限的。在现代社会，形不成规模的生产能力，是不能在激烈的商品竞争中站稳脚跟的，农业生产是这样，农村工副业、企业的生产更是如此。以办企业为例，如果办家庭服装加工厂，一个家庭人手再多，也只能办成小型的作坊，加工能力十分有限，还要专人跑原料、跑市场。对于一个服装加工厂来说，每天生产十几件衣服要派人买原料，要卖产品，而每天生产成百上千件衣服，也是买原料、卖产品，显然大厂比小厂在节省原料与人力方面都占优势，这就是规模效益。而要形成规模效益，只靠单个的农户自己是不够的，个人的本事再大，能投入的资金也不可能很多，如果依靠集体，情况就大不一样了。不论是依靠原有集体经济，还是多个个体组织起来形成新的集体，只要有了集体经济做后盾，事情就好办得多了。人多力量大，众人拾柴火焰高，资金可以积少成多，设备可以以旧换新，原材料批量购买可以得到优惠，产品批量出售可以节省人力，也可以打开销售渠道。现代社会已不是自给自足的自然经济为基础的社会了，而是充满激烈市场竞争的商品社会，单家独户的生产能力肯定竞争不过具有规模效益的集体经济的生产能力。

实际上，我国农民在市场经济的实践中已充分认识到了这一点。在联产承包制刚开始推行的时候，家庭的积极性得到充分释放，但很快人们就发现，集体的作用是不可忽视的。这体现在一些原来集体经济基础比较好的地方，就是大家并不愿分得太细，而是坚持在以统为主的前提下搞家庭承包，把许多经营权留给集体。

实践证明，这些地方后来的经济发展水平一直较高。在一些分得过细的地方，集体经济的作用发挥得不够好，农民很快就意识到了自己的势单力薄，意识到了集体经济的作用不可缺少，于是，他们在自愿的基础上，重新提出了组织起来的要求，并自发以各种形式组织成了新的集体，以利于生产形成规模效益，提高劳动生产率。

集体经济的作用不仅仅表现在使生产规模由小变大，它还表现在市场竞争的形势下，通过发挥自己的社会化服务功能，把农民引向市场，使农产品及工副业产品在市场中找到自己的位置。

第一，农民进入市场需要正确的市场信息作指导，自己生产的产品卖不卖得出去，自己上的项目符不符合市场需求，凭农户自己的力量有时还不能把握准确，而集体的社会服务功能之一就是向农民传达正确的政策，提供准确的信息，把握适当的市场行情。第二，农民生产出来的产品要进入市场，必须有合适的销售渠道。现代社会的市场概念指的是大市场，吞吐量是很大的，把千家万户的产品集中起来使其进入到市场中去，不依靠集体的力量也很难做到。第三，根据瞬息万变的市场需求调整农村产业结构，配置人力资源和物力资源，是市场经济的重要特征。这需要经过许多环节、涉及许多地区，单靠个人的力量，是很难办到的，必须依靠集体经济的力量来实现。第四，单家独户生产的产品，多是初级产品，价值低，收益少，需要经过加工才能增值。这需要发展资金和技术含量多的项目和企业，需要多方面的合力，不依靠集体也很难做到。总之，农民进入市场需要集体经济做后盾，特别需要各种形式的贸工农一体化经济组织，带动农民发展商品生产，促进农业生产专业化、现代化。

在现代社会，不论搞农业，搞工业办企业，还是干其他行业，都离不开现代科学技术的作用。如今是现代科学技术突飞猛进的年代，刀耕火种式的农业、手工操作的作坊式工业、货郎担式的商业已逐步被现代农业、先进的技术手段和现代化商业所代替，农民不用现代科学武装自己，农村的现代化就无从谈起。而要使农民掌握现代科学技术，就要依靠集体经济的力量。各地农村依靠集体的力量办起了许多科技学校，办起了庄稼医院、企业医院，培训了许多农村实用型科技人才，就是最好的说明。另外，现代科学技术成果的推广应用需要一定的经济基础，许多专利成果只能有偿使用，没有集体经济的实力，即使有科技成果送上门来也只能望洋兴叹。而有集体经济实力的地方，就可以引进最新的科学技术成果，引进高级尖端的科技人才，引进先进的设备，干大事业，由此带来的效益必然是无可估量的。像山东省淄博市的岂山村，集体经济发展得很好，大胆引进了伽马刀、X射线立体定向放射外科治疗系统等具有国际水平的先进医疗设备，办起了世界一流的中美合资万杰医院，有了先进设备，他们又聘请了一流的人才，结果万杰医院不开刀治脑瘤，名声大噪，给医院创造了很好的效益。像万杰医院这样的一流企业，在全国农村还有很多，如果没有雄厚的集体经济实力作后盾，办一流的企业是农民做梦也不敢想的事。一台伽马刀就 200 万美元，不靠集体行吗？引进先进的科学技术是要担风险的，没有集体经济的实力，个人的风险承受力终归有限。因此，只有依靠集体，才能充分发挥现代科学技术的作用。

集体经济的作用还应该从更深的意义上来理解，邓小平同志是从农村改革和发展总趋势的高度上来论述这个问题的。他说："中国特色社会主义农业的改革和发展，从长远的观点看，要有两个飞跃。第一个飞跃，是废除人民公社，实行家庭联产承包为主的责任制。这是一个很大的前进，要长期坚持不变。第二个飞跃，是适应科学种田和生产社会化的需要，发展适度规模经营，发展集体经济。这是又一个很大的前进，当然这是很长的过程。”显然，这里所说的“第二个飞跃”是对“第一个飞跃”的积极成果的继承和发展，而不是回到过去“归大堆”的旧的集体经济的模式中去；另外，这也说明仅有“第一个飞跃”是不够的。随着社会主义市场经济的发展，家庭联产承包经营责任制必然向更为高级的集体经济形式发展，我们应该顺应这种必然规律，以实际行动促进农业发展“第二个飞跃”的实现。

总之，集体经济的作用在今天已日益被广大农民兄弟重新认识到了，这种认识不同于过去那种对“一大二公”人民公社时的集体经济的认识，而是立足于走向现代化的今天，对新的集体经济的作用所产生的深刻理解。如今，正在从事农村工业化、农村现代化建设的新农民对发展集体经济的认识，已经由自发的愿望变为自觉的行动，发展集体经济的积极性也日益高涨起来。

（二）农民是发展集体经济的主力军

农村集体由农民组成，农村集体经济的强盛是农民走向共同富裕的依托，但集体经济的强盛不是等来的，而要靠农民自己一步一个脚印地去干出来。自己的事要靠自己去做，不苦干，集体经济力量不会强盛，共同富裕也只是纸上谈兵。

我们国家历来重视发展农村集体经济，而且不惜加大投入来加快农村集体经济的发展，最终要使集体经济发展起来，还是要依靠农民自己的力量。国家的投入只能用在一些至关重要的大项目上，如大型农田水利建设、高新技术的研究与推广和农村交通、通信条件的改善、环境污染的综合治理等方面。至于各乡村自己的集体经济，只有依靠各乡村的农民兄弟自身的努力来加以发展。如果有依赖思想，搞伸手拿来主义，采取“等靠要”的态度，就会落空，到头来耽误受损的还是农民兄弟自己。

我国农民是发展农业现代化的主力军，是使农村实现工业化、城镇化、现代化的主力军。在走向现代化的进程中，农村集体经济起着关键的作用，因此，我国农民也是发展农村集体经济的主力军。有了全国农民的努力，我国农村的集体经济将会越来越兴盛，越来越强大。事实证明，在农民兄弟自己的努力下，我国农村许多地方的集体经济力量已相当雄厚，许多乡村集体企业的实力已可与一些国营中型企业相媲美，为全国广大农村集体经济的发展做出了表率。

第八章　敬业守职和乐于奉献教育

第一节　热爱农业生产

所谓敬业守职，就是要干一行，爱一行，钻一行，不论从事的是农业生产还是乡镇企业工作，不论是搞个体经商还是经营私营企业，都必须热爱本职工作，始终“以辛勤劳动为荣，以好逸恶劳为耻”。

对于真正坚守土地的农民来说，敬业守职指农民要热爱农业、干好农业，把经营农业作为自己生产、生活的根本，积极促进农业现代化的实现。这不仅是农民职业道德的基本要求，而且是广大农民实现其人生价值的必由之路。

农业是我国国民经济和社会发展的基础，农业生产是人类生存的基础。首先，农业生产所提供的农产品（包括植物产品，如粮食、蔬菜；动物产品，如肉、蛋、奶等），都是人类生活必需品。民以食为天，正是农业的发展才解决了我国 14 亿多人的吃饭生存问题。没有现代化农业的支撑，我国的现代化建设是很难实现的。再者，我国农业人口占全国人口总数的很大比重，农民的状况怎样直接关系到我们国家的面貌、命运和前途。只有广大的农村实现了现代化，全国的现代化才能最终实现。只有农民过上了现代化的生活，才能说我国已成为现代化的国家。因此，作为从事农业生产的新一代农民，应充分认识到自己肩上的重任，树立从事农业劳动光荣、热爱农业、以农为本的职业信念。

社会主义市场经济的确立给我国的农业生产带来了勃勃生机。农业已不再是传统意义上面朝黄土背朝天的低效益、泥腿子行业，农业产业化、产品市场化和生产技术现代化，成为新时期农业生产发展的新趋势。

第二节　掌握科技知识

科学技术是第一生产力。农业依靠科学技术才能提高效益。比如，科学种田，就是把新的农业科学知识、农业技术运用到农业生产过程中去，提高农业生产的效益，增加农民收入。

科学种田、文明生产是我国农业由传统耕作方式向现代化农业生产过渡的必然要求，也是新时期农民必须具备的职业道德素质。农民除要掌握相关的农业技术知识、提高素质外，还要能够做到合理利用土地，自觉维护基本的农田水利设施，防止环境污染等。

近几年来，我国广大农村广泛开展了“星火计划”“丰收计划”“燎原计划”等，使大批科技成果在生产中得到了应用和推广，取得了巨大的经济效益。事实已经证明，“科学种田，越种越甜”。

当然，我国农村目前绝大多数的农民还没能做到科学种田、文明生产，还有许多农民的生产方式与现代农业的要求不相适应。要改变这种局面，国家和各级政府要加大对农业的投入，建设社会主义新农村表明党和政府的决心。此外，广大农民自身也要更新观念，充分认识科学技术在农业生产中的重要作用，自觉地学习各种科学文化知识，钻研农业技术，并且自觉地把学到的技术运用到育种、栽培、管理等各个生产环节中去，真正让“科技”这棵摇钱树，在广大农村生根、开花、结果。

第三节　以服务人民为荣

人民的利益高于一切。为祖国、为人民是人们行为的目标。人是沧海一粟，只有投身于祖国和人民的“沧海”之中才不会干涸。把人民利益时常挂在心上，为人民的利益多尽心，反映了农民对集体、对祖国事业的一种深厚感情，体现了广大农民为了集体和人民的利益奉献一切的道德责任和献身精神。

为人民的利益多尽心，并不是对个人正当利益的否定，也不是反对或排斥对个人正当利益的追求。就农民而言，凡是通过诚实劳动富裕起来的农民都应给以肯定和支持。但不要忘记，广大农民是农村集体的主人，一部分地区和一部分人是在党和国家的富民政策下，靠自己的辛勤劳动先富起来的，这不是我们的最终目的。俗话说，一花独放不是春，百花齐放春满园。因此，我们在谋求个人正当发展同时，也应当为集体的发展尽到自己的责任。

人生的真正幸福和快乐不在于自己从这个社会得到了多少利益，而在于为社会做了多少贡献。一个人富裕了，如果只为自家盘算，得不到乡亲们的尊重，即使家财万贯，也不会感到幸福。反之，在自家富裕后，帮助乡亲们一起共奔富裕之路，才会得到乡亲们的承认、爱戴和尊重。一个人富了，要带动一个村富；一个村富了，要带动一个乡富，最终达到我们整个国家的繁荣和富强，这才是社会主义建设的根本目的，才是我们广大人民的共同利益所在。

为人民的利益多尽心，就是要求人人关心、热爱集体事业。只有大家都来关心集体，都为人民的事业添砖加瓦，人民的事业才会兴旺发达，人民利益才能更好地得到保障。人民利益有保障，个人利益才能得到更好的实现。正所谓“大河有水小河满，大河无水小河干”，为社会、为人民营造和谐优美的环境，就等于给自己的人生增添了一笔财富。

第四节　积极参与公益事业

公益事业指为社会成员所共同享有的政治经济权益服务的事业，比如教育、卫生、交通、水利、电力和文化娱乐设施等。在农村主要指学校、幼儿园、卫生所、道路、水电设施、街道绿化、环境卫生、环境保护等。随着建设有中国特色社会主义事业的发展，社会公共利益将日益增多，公益事业办好了，不但人人从中受益，而且也是社会走向文明的一个标志。

公益事业与我们每个人的生活息息相关，它既然是为社会公众服务的事业，就应该由大家来办，权利和义务是相伴而生的。因此，关心、爱护、参与公益事业的建设，为公益事业多出力，是每个社会成员义不容辞的责任。

特别是我们国家目前的财力还有限，不可能将公益事业全部包下来，除办一些必须由国家投资办的事业（如铁路、公路、邮电通信、教育、卫生事业）外，有一些公益事业必须由社会公众参与来办。

广大农民应该积极参与乡村公益事业建设，比如，乡村铺路、架桥、兴修水利、保护环境等，有钱的出钱，有力的出力，大家齐心协力改善乡村生活环境。主动参加集体卫生活动，户户栽花种草，自费购买药械，杀死蚊虫、苍蝇，村子里环境优美，男女老少身心健康，其乐无穷。“我为人人，人人为我”是新时期农民应该努力培养的道德觉悟和情操境界。只要每个人都献一点爱心，生活就会变得更加美好。

参考文献

陈万柏，2012. 思想政治教育学原理[M]. 北京：中国人民大学出版社.
戴焰军，2007. 增强思想政治工作实效性的对策研究[M]. 北京：中国民主法制出版社.
董忠党，2005. 建设社会主义新农村论纲[M]. 北京：人民日报出版社.
高岳仑，唐明勇，2009. 中国共产党农民思想政治工作的理论与实践[M]. 北京：中国农业出版社.
郭晓君，2001. 中国农村文化建设论[M]. 石家庄：河北科学技术出版社.
黄琳，2010. 现代性视阈中的农民主体性[M]. 昆明：云南大学出版社.
李闵，2023. 乡村振兴视野下农民思想政治教育的困境与出路研究[D]. 贵阳：贵州师范大学.
李水山，2007. 中华人民共和国农村教育史[M]. 南宁：广西教育出版社.
林仁惠，2011. 乡村文化经纪人[M]. 北京：中国农业科学技术出版社.
裴家豪，2023. 乡村振兴背景下农村党员思想政治教育工作研究[D]. 西安：西安工业大学.
沈壮海，2005. 思想政治教育的文化视野[M]. 北京：人民出版社.
童禅福，2018. 走进新时代的乡村振兴道路[M]. 北京：人民出版社.
王道勇，2007. 国家与农民关系的现代性变迁[M]. 北京：中国人民大学出版社.
王艳成，龚志宏，2003. 中国共产党农民社会主义教育 50 年[M]. 郑州：河南大学出版社.
张秀生，2008. 农村公共产品供给与农民收入增长[M]. 北京：中国农业出版社.
张耀灿，2006. 现代思想政治教育学[M]. 北京：人民出版社.